Daniel Fischer
Hilmar Duerbeck

Hubble. Ein neues Fenster zum All

Daniel Fischer

Hilmar Duerbeck

Hubble
ein neues Fenster zum All

Birkhäuser Verlag
Basel · Boston · Berlin

Die Deutsche Bibliothek – CIP-Einheitsaufnahme
Fischer, Daniel:
Hubble : ein neues Fenster zum All / Daniel Fischer ; Hilmar
Duerbeck. – Basel ; Boston ; Berlin : Birkhäuser, 1995
ISBN 3-7643-5201-9
NE: Duerbeck, Hilmar:

© 1995 Birkhäuser Verlag, Postfach 133, CH-4010 Basel,
Schweiz
Umschlaggestaltung: Matlik und Schelenz, Essenheim
Gedruckt auf säurefreiem Papier, hergestellt aus chlorfrei
gebleichtem Zellstoff
Printed in Italy
ISBN 3-7643-5201-9

9 8 7 6 5 4 3 2 1

Inhaltsverzeichnis

Geleitwort

Astronomie ist die älteste der Wissenschaften und sicher eine der faszinierendsten. Einerseits gibt es für sie wenig praktische Anwendungen im täglichen Leben, aber andererseits haben ihre Erkenntnisse einen tiefen Einfluß auf das Selbstverständnis der Menschen gehabt. Im Mittelpunkt einiger der größten Umwälzungen der Menschheit standen astronomische Entdeckungen. Oberflächlich betrachtet, scheint sich die Astronomie mit der Beschaffenheit von Dingen in den Tiefen des Raumes zu beschäftigen, doch im Grunde befaßt sie sich mit der grundlegenden Frage allen menschlichen Forschens: der Suche nach unseren Ursprüngen.

Wenn wir entfernte Sterne und Galaxien beobachten, dringen wir in der Tat direkt zu den Wurzeln unserer Existenz vor. Eine der erstaunlichsten astronomischen Entdeckungen ist, daß die Mehrzahl der Atome, aus denen unsere Körper bestehen, in der Glut von Kernreaktionen in den Tiefen der Sterne erschaffen wurden, Atome wie die des Kohlenstoffs und des Sauerstoffs. Sie wurden durch gigantische Explosionen in den Raum geschleudert, die das letzte Aufbäumen dieser Sterne darstellten, bevor sie zugrunde gingen. Aus diesem Material entstanden neue Sterne, Sterne wie unsere Sonne, und um sie kreisende Planeten, und auf unserer Erde entwickelten sich die Lebewesen, die den blauen Planeten bevölkern.

Das Streben, das Weltall mit Hilfe von Teleskopen zu erforschen, die uns ein viel klareres und helleres Bild der Himmelskörper liefern, als es die bloßen Augen oder einfache Hilfsmittel vermöchten, ist eine der großen Antriebskräfte der Astronomie. Jahrhundertelang führte dies zum Bau immer größerer Teleskope, wie es von Hilmar Duerbeck und Daniel Fischer in diesem Buch beschrieben wird, denn größere Teleskope sind in der Lage, feinere Einzelheiten sichtbar zu machen. Doch in den letzten Jahren zeigte sich, daß die irdische Atmosphäre den begrenzenden Faktor in unserem Bemühen darstellt, die allerfeinsten Strukturen in astronomischen Objekten zu erkennen. Dies ist der Grund, warum die Astronomen darauf drängten, Teleskope in eine Erdumlaufbahn zu bringen, wo sie von der irdischen Atmosphäre ungestört, die Tiefen des Weltraums erforschen können. Die Entwicklung mächtiger Raketen ließ diesen Traum zu einer realistischen Möglichkeit werden.

Die Weltraumastronomie entstand nach dem Zweiten Weltkrieg, als ballistische Raketen kleine Teleskope und Empfänger für wenige Minuten in den Weltraum befördern konnten. Im Laufe der Zeit wurden die Nutzlasten immer größer und komplexer. Ein großes, universell einsetzbares Teleskop im Weltraum, das die Erde in einer Umlaufbahn umkreist und regelmäßig von Astronauten inspiziert und instand gehalten werden kann, erschien als ein realisierbares Projekt. Der Beginn des bemannten Raumfahrtprogramms der NASA mit seinen regelmäßigen Shuttleflügen war für das Projekt des Weltraumteleskops Voraussetzung und Startschuß zugleich.

Heute ist das Weltraumteleskop in einem vorzüglichen Zustand, es ist an allen Tagen des Jahrs in Betrieb und sammelt spektakuläre Beobachtungsergebnisse von verschiedensten Objekten am Himmel. Mit einer Vielzahl von Instrumenten und Empfängern werden Bilder aufgenommen, das Licht der Objekte in Spektren zerlegt und dadurch Erkenntnisse über die Natur der von uns untersuchten Galaxien, Nebel, Sterne und Planeten gewonnen.

Die Geschichte hat gezeigt, daß der technologische Fortschritt fast immer zu neuen Entdeckungen führte. Dies war so, als Galilei das neu erfundene Teleskop gen Himmel richtete und Krater auf dem Mond, Sonnenflecken, die Ringe des Saturn und die um den Jupiter kreisenden Monde entdeckte. Die einzigartigen Möglichkeiten des erdumkreisenden Weltraumteleskops mit seinen Zusatzgeräten stellen einen technologischen Fortschritt gegenüber den früheren Teleskopen dar, und dies hat schon zu bedeutenden Entdeckungen geführt: Hubble beobachtete den dramatischen Einschlag eines großen Kometen auf Jupiter, die seltsamen Explosionen sterbender Sterne und die geheimnisvollen Bewohner der Zentren großer Galaxien, die massereichen Schwarzen Löcher.

Die hinreißenden Bilder dieses Buches werden die Astronomen und die breite Öffentlichkeit gleichermaßen begeistern, denn sie zeigen die Mannigfaltigkeit der Dinge im Universum. Sie führen uns nicht nur vor Augen, wie komplex das Universum im Großen aufgebaut ist, sondern auch, auf welch verschlungenen Wegen wir selbst uns entwickelt haben und wie komplex die Struktur des einzelnen Lebewesens ist.

Robert Williams

Direktor des Space Telescope Science Institute
Baltimore, Maryland, USA
Mai 1995

Vorwort der Autoren

Ein Buch über die Ergebnisse von fünf Jahren Weltraumteleskop zu verfassen, hätte eine ähnliche Zahl von Jahren erfordert, wären wir jeder der rund tausend Veröffentlichungen nachgegangen, die dem Projekt bis Mitte 1995 schon zu verdanken sind. Hunderte von Wissenschaftlern wären nach ihren noch unveröffentlichten Ergebnissen oder neuen Deutungen ihrer früheren Beobachtungen zu befragen gewesen, und die Beleuchtung der außerordentlich wechselvollen Geschichte des Milliarden-Dollar-Unterfangens hätte von den Zentren der internationalen Weltraumindustrie bis zu einem ausgedehnten Abstieg in die Niederungen der amerikanischen Innenpolitik führen müssen. All dies war nicht unsere primäre Zielsetzung. Ergebnisse in Einzelheiten zu beleuchten, überlassen wir der wissenschaftlichen Diskussion, die Geschichte des Projekts stellen wir nur in Grundzügen dar. Vielmehr wollen wir mit diesem Bild- und Textband zeigen, daß das Weltraumteleskop Hubble spätestens seit seiner Reparatur spektakuläre Bilder und andere Daten liefert, die kein Instrument am Erdboden zustande bringt, ferner daß die gewonnenen Erkenntnisse unser Bild des Universums umzuformen beginnen, auch wenn es in vielen Fällen noch zu früh ist, um die neuen Richtungen klar erkennen zu können. Letztlich zahlt sich also die Investition in ein großes optisches Weltraumteleskop, von der schon die Vordenker der Vergangenheit wie der deutsche Raumfahrtpionier Oberth und der US-Astronom Spitzer träumten, trotz aller Pannen aus – das ist auch unsere feste Meinung nach Fertigstellung dieses Buches. Das Ergebnis einer amerikanischen Studie aus dem Jahr 1994, ausgerechnet der mit Abstand teuerste aller Astronomiesatelliten bringe die meiste Wissenschaft pro Dollar, ist vielleicht weniger

absurd, als es im ersten Moment klingt. Mögen die – wie wir meinen – atemberaubenden Bilder dieses Buches wie auch die aufsehenerregenden Ergebnisse des Weltraumteleskops dazu beitragen, auch eine breite Öffentlichkeit von Sinn und Zweck aufwendiger Grundlagenforschung zu überzeugen.

Diese Zusammenstellung von Hubbles interessantesten Ergebnissen basiert in erster Linie, aber keineswegs ausschließlich, auf Veröffentlichungen der Abteilung für Öffentlichkeitsarbeit des Space Telescope Science Institute (STScI), das nach einer turbulenten Anfangsphase in der Mitte der 90er Jahre ein vorbildliches Niveau bei dem Bemühen erreicht hat, die neuen Erkenntnisse des Weltraumteleskops der Öffentlichkeit weiterzugeben. Viele der wiedergegebenen Bilder entstammen dem Archiv des STScI, sei es in Gestalt großformatiger Abbildungen oder Dias oder in Form elektronisch verfügbarer Bilddatenfiles. Besonderer Dank gilt dabei Cheryl Gundy für ihre Hilfe beim Stöbern in den Diasammlungen des STScI und Tim Kimball für eine Sonderführung durch das Institut. Die faszinierenden Aufnahmen der Space Shuttle-Missionen STS-31 und STS-61 zum Aussetzen und Warten des Weltraumteleskops lieferte Debbie Dodds vom Johnson Space Center. Bei grundlegenden Fragen der Kosmologie waren Diskussionen mit Wolfgang Priester hilfreich, bei astrophysikalischen mit Wolfgang Kundt und bei planetologischen (bezüglich der auf Jupiter stürzenden Kometen) mit Clark Chapman.

Die historischen Erkenntnisse über die Ursachen anfänglicher Mißerfolge wie des später um so größeren Erfolges des Hubble-Projekts verdanken wir mehreren Interviews mit Zeugen und Beteiligten der entscheidenden Ereignisse. Besonderer Dank gilt hier vor allem Riccardo Giacconi und Rudolf Albrecht für mehrstündige Gespräche; letzterem danken wir überdies besonders für die spontane Einladung zu einem einwöchigen Forschungsaufenthalt in der Space Telescope European Coordinating Facility in Garching. Über den aktuellen Stand des Hubble-Programms und künftige Perspektiven unterrichteten uns insbesondere Bob Williams, Piero Benvenuti, Richard Hook, Doug Richstone und Roger Bonnet.

Auch wenn Kameras nur die kleinere Hälfte der Instrumente Hubbles bilden, so nehmen doch die Ergebnisse in Form von Abbildungen den Hauptteil dieses Buches ein. Bildmaterial, das über das öffentlich verfügbare hinausgeht, verdanken wir unter anderem Chris Burrows, Rick White und David Crisp.

Die Aufbereitung des oft durch seinen Kontrastumfang ungewöhnlich herausfordernden Materials besorgte mit gewohntem Einsatz Justin Messmer, die nicht einfache Zusammenführung unserer zeitweise auf mehreren Kontinenten parallel entstandenen Texte gelang unserem Lektor Thomas Menzel, und die Umsetzung der Korrekturen besorgte in Rekordzeit Georges Batsilas. Wir danken überdies Susanne Hüttemeister, Cambridge, MA (die auch ihre Kenntnisse auf dem Gebiet der Molekülwolken beisteuerte), und Carlos Hernandez, Miami, FL, für ihre selbstlose Unterstützung bei der Übertragung von Texten und Bildern über das Internet, ohne das dieses Buch kaum möglich gewesen wäre.

Daniel Fischer und Hilmar Duerbeck
Königswinter und Santiago de Chile
Juni 1995

Teil 1

Von Babylon zu Cape Canaveral

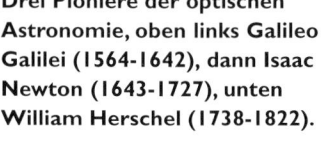

Drei Pioniere der optischen Astronomie, oben links Galileo Galilei (1564-1642), dann Isaac Newton (1643-1727), unten William Herschel (1738-1822).

Größer, höher, teurer... Von einfachen Hilfsmitteln zum Teleskop der neunziger Jahre

Die Anfänge der systematischen Beobachtung des Himmels gehen bis ins dritte vorchristliche Jahrtausend zurück. Schon Sumerer und Babylonier machten sich Gedanken über die Zusammenhänge zwischen dem Stand der Gestirne, den Jahreszeiten und anderen Geschehnissen auf der Erde. Überall stand die Astronomie im Dienst der Zeitmessung und wurde als Anzeiger für die Jahreszeiten und die Arbeiten der Bauern benötigt. In Ägypten diente das Erscheinen des Sirius als Markierung für die einsetzende jährliche Nilüberflutung, und auch in Mittelamerika und China waren die Astronomie und das Kalenderwesen auf einem hohen Stand.

Jahrtausendelang erfolgten alle Beobachtungen mit dem bloßen Auge, unterstützt von Visiereinrichtungen an Winkelmeßgeräten wie dem Jakobsstab oder der Armillarsphäre. Erst in den ersten Jahren des 17. Jahrhunderts machten sich Galileo Galilei (1564–1642), Thomas Harriot (1560–1621) und andere das von holländischen Brillenmachern erfundene Linsenfernrohr zunutze, um nicht nur irdische Dinge zu beobachten, sondern damit den Himmel zu erforschen. Mit Hilfe dieser Teleskope gelangen die ersten grundlegenden Entdeckungen, die der kopernikanischen Revolution in der Astronomie zum endgültigen Durchbruch verhalfen: Berge auf dem Mond, Monde, die den Jupiter umkreisen, die Phasen der Venus, die in Einzelsterne aufgelöste Milchstraße...

Isaac Newton (1642–1726) gilt allgemein als Begründer der modernen Naturwissenschaft. Doch nicht nur seine berühmten Gesetze zur Bewegung von Massen und die für ihre Ableitung nötige Entwicklung der Differential- und Integralrechnung haben die Welt verändert, sondern auch seine Theorie der Lichtbeugung. Newton war jedoch nicht nur ein Denker, sondern auch ein Praktiker: Seine Überlegungen zur Theorie der Lichtbrechung und Lichtbeugung an Gläsern, Prismen und Spiegeln führten zur Entwicklung des Spiegelteleskops, dessen Prototyp 1672 von ihm konstruiert und der Königlichen Gesellschaft in London zum Geschenk gemacht wurde. Dieser Fernrohrtyp sollte für die Entwicklung der Astronomie von entscheidender Bedeutung werden.

Worin liegt der Vorteil eines Spiegelteleskops gegenüber einem Linsenfernrohr? Eine einfache Linse bricht das Licht verschiedener Wellenlängen oder Farben verschieden stark, das weiße Licht wird also nicht in einem Punkt gesammelt, sondern die «Brennpunkte» des Lichts verschiedener Farben liegen verschieden weit von der Linse entfernt. Punktförmige Lichtpunkte wie Sterne erscheinen infolge dieser «chromatischen Aberration» in einem einfachen Linsenfernrohr von Farbsäumen umgeben. Ein Hohlspiegel aber bündelt Licht aller Wellenlängen in einem einzigen Brennpunkt und ist deshalb einem einfachen Linsenfernrohr an Qualität überlegen. Da man aber schon bald nach dem Tode Newtons diesen Linsenfehler durch die Verwendung mehrerer Linsen geschickt kompensieren konnte – durch Entwicklung der sogenannten Achromate –, die Herstellung gut reflektierender Spiegel dagegen auf Schwierigkeiten stieß, wurde die Entwicklung des Spiegelteleskops zunächst nicht weiter verfolgt. Erst Friedrich Wilhelm Herschel (1738–1822), ein aus dem Königreich Hannover nach England ausgewanderter Musiker und Amateurastronom, begann gegen Ende des 18. Jahrhunderts die Spiegelherstellung zu perfektionieren. Der Durchmesser seines größten aus Metall gefertigten Spiegels betrug 1.2 m. Mit seinen

Lord Rosse's Teleskop, der berühmte Leviathan, stand auf Birr Castle, Irland (Quelle: Simon Newcomb: *Popular Astronomy*, New York, Harper & Brother 1878).

Teleskopen revolutionierte er die Astronomie: Er entdeckte und katalogisierte Tausende von Sternhaufen und Nebeln und versuchte, durch Sternzählungen die Struktur der Milchstraße zu ermitteln. Doch trotz der Erfolge Herschels behielten – vor allem aufgrund der hochwertigen achromatischen Objektive Joseph Fraunhofers (1787–1826) – die Linsenfernrohre bis zum Ende des 19. Jahrhunderts gegenüber den Spiegelteleskopen ihre dominierende Stellung in den großen Sternwarten der Welt.

So blieben Herschels Teleskope für lange Zeit die größten ihrer Art. Erst in der Mitte des 19. Jahrhunderts konstruierte ein irischer Edelmann, William Parsons (Earl of Rosse, 1800–1867), ein noch größeres: Der sogenannte Leviathan von Parsonstown, der 1845 in Betrieb genommen wurde, hatte einen Spiegeldurchmesser von 1.80 m. Technische, klimatische und soziale Probleme verhinderten jedoch eine effektive Nutzung. Einmal war die Handhabung schwierig, zum anderen stand das Teleskop im nebligen Klima Irlands, und die damals grassierenden Hungersnöte, die viele Menschen zum Auswandern trieben, lenkten das Interesse des Edelmanns auf andere Bahnen. Eine fundamentale Entdeckung gelang jedoch mit diesem Teleskop: der Nachweis, daß manche der nicht in Sterne auflösbaren Nebelflecken eine spiralförmige Struktur besitzen. Die Spiralnebel wurden zu einer Klasse von Himmelsobjekten, deren wahre Natur jedoch erst 75 Jahre später klar erkannt wurde.

Etwa zur gleichen Zeit untersuchte der damalige Direktor der Sternwarte von Edinburgh, Charles Piazzi Smyth, das Klima auf den Kanarischen Inseln. Er führte 1856 eine erste Expedition nach Teneriffa durch, baute dort für einige Wochen eine provisorische Beobachtungsstation auf und fand, daß die Sichtbedingungen auf der bergigen Insel wesentlich besser waren als in tiefer gelegenen Sternwarten – eine Entdeckung, die für die Astronomie von größter Wichtigkeit werden sollte.

Piazzi Smyths Idee, Sternwarten auf Berggipfeln zu errichten, fiel vor allem in den Vereinigten Staaten von Amerika auf fruchtbaren Boden. Planung und Bau der Lick-Sternwarte in der Nähe von San Francisco sollen als typisches Beispiel für die Entstehung der ersten Großsternwarten kurz skizziert werden. Zunächst benötigte man einen Mäzen, der das Geld für ein solches Projekt zur Verfügung stellte. Man fand ihn in dem ehemaligen Schreiner James Lick, der als Profiteur des großen Goldrausches und Klavierfabrikant zu einem der reichsten Männer Kaliforniens geworden war. Dieser hatte für sich zunächst ein Grabmal in Form einer Pyramide im Zentrum von San Francisco ins Auge

Der große Refraktor des Lick-Observatoriums – mit 0.91 m Linsendurchmesser eines der größten Linsenfernrohre der Welt (Quelle: Astronomical Society of the Pacific, ASP).

gefaßt, sich dann aber dafür entschieden, 700'000 Dollar (etwa 10 Millionen Dollar in heutigem Wert) für eine Sternwarte auf dem Gipfel des in der Nähe gelegenen Mount Hamilton, in 1200 m Höhe, zur Verfügung zu stellen – unter der Bedingung allerdings, daß sein Sarg im Fundament des Teleskops bestattet werde. So geschah es denn auch, als Lick 1876 starb. Die großen Sternwarten des vergangenen Jahrhunderts wurden mit Linsenfernrohren ausgestattet – auf der Lick-Sternwarte war es nicht anders. Der Lick-Refraktor war bei seiner Installation das größte Teleskop der Welt mit einem Objektiv von 0.91 m Durchmesser und einer Brennweite von 17.6 m Länge. Damit wurden vor allem Beobachtungen von Doppelsternen mit dem bloßen Auge, aber auch photographische Aufnahmen der Mondoberfläche gemacht. Als zweites Teleskop konnte man 1895 ein «gebrauchtes» 0.93-m-Spiegelteleskop des englischen Amateurs Crossley übernehmen, das aber wegen zahlreicher technischer Probleme zunächst kaum zum Einsatz kam. Doch die Astronomen wollten mehr: Während Ed-

ward E. Barnard, ein Pionier der Himmelsphotographie, mit Portraitlinsen helle Milchstraßenwolken und Dunkelnebel aufnahm, überholte James Keeler das Crossley-Teleskop vollkommen und begann 1898, mit seiner Hilfe Photographien von Gas- und Spiralnebeln zu machen. 1904 erhielt der Crossley-Reflektor eine neue Montierung (eine englische Achsenmontierung). In dieser Form versah das Teleskop bis in die heutige Zeit seinen Dienst.

Ein weiteres amerikanisches Großobservatorium, das Yerkes-Observatorium, wurde von dem zwielichtigen Straßenbahn- und Immobilien-Magnaten Charles Yerkes gestiftet und unter der Leitung von George Ellery Hale (1868–1938) 1897 erbaut. Es war ähnlich wie das Lick-Observatorium ausgestattet – der Refraktor war allerdings noch etwas größer (1.02 m Durchmesser, 19.4 m Brennweite). In der Nähe der Universität von Chicago gelegen, erhebt sich das Yerkes-Observatorium nur wenig über das Meeresniveau. Neben dem Refraktor (dem größten, der je gebaut wurde) erhielt das Observatorium ein von dem Optiker George W. Ritchey konstruiertes 0.60-m-Spiegelteleskop. Doch damit gab sich Hale noch nicht zufrieden. Aus eigenen Mitteln und mit einem großen Zuschuß des Stahlfabrikanten Andrew Carnegie errichtete er 1908 auf dem Mount Wilson (1800 m hoch in der Nähe von Los Angeles in Kalifornien gelegen) das Mount-Wilson-Observatorium, das neben Teleskopen zur Sonnenbeobachtung zwei große Spiegelfernrohre als Hauptinstrumente besitzt: ein 1.5-m- und ein 2.54-m-Spiegelteleskop; mit diesem größten Teleskop der damaligen Zeit führte Edwin Hubble in den zwanziger Jahren seine berühmten extragalaktischen Untersuchungen durch (vgl. S. 16–17).

Warum heißt das Weltraumteleskop Hubble?

Namensgebungen nach bedeutenden Gelehrten und Wissenschaftlern sind bei Satelliten nicht selten. Beispielsweise wurde der Ultraviolett-Satellit OAO-3, der im Jahre 1972 gestartet wurde, Copernicus genannt, die 1989 gestartete Sonde, die Jupiter erkunden soll, Galileo, und der Röntgensatellit OAO-4 Einstein. Bei letzterem war neben der Verehrung für den Vater der Relativitätstheorie vor allem die Tatsache, daß der Satellit viele Quellen untersuchte, die aus Neutronensternen und Schwarzen Löchern – Anwendungsfeldern der Allgemeinen Relativitätstheorie – bestehen, der Grund für die Namensgebung. In ähnlicher Weise waren auch beim Weltraumteleskop zwei Gründe maßgeblich. Erstens ist eines der primären Arbeitsgebiete des Weltraumteleskops die Bestimmung der Ausdehnungsrate und des Alters des Universums – ein Hauptarbeitsgebiet des amerikanischen Astronomen Hubble. Zweitens ist die Taufe des Teleskops auf den Namen Hubble wohl auch als Verbeugung vor einem der größten Astronomen des Jahrhunderts, dem «Entdecker des Urknalls», zu verstehen.

Wer war Edwin Powell Hubble (1889–1953)? Er verbrachte seine Kindheit in Kentucky und kam dann nach Chicago, wo sein Vater, ein Rechtsanwalt, bei einer Versicherung arbeitete. Er war ein sehr guter Schüler und auch ein guter Sportler, der später zeitweise als Basketballtrainer arbeitete und auch eine Karriere als Profiboxer ins Auge faßte. Er erhielt Stipendien, die ihm das Studium an der Universität von Chicago und später in Oxford, England, ermöglichten. In England freilich studierte er Jura und war anschließend ein paar Jahre als Rechtsanwalt tätig. Da ihn diese Tätigkeit nicht befriedigte, ging er an die Universität Chicago zurück und arbeitete am Yerkes-Observatorium bei Professor F.B. Frost. 1917 schloß er seine Doktorarbeit über Gasnebel ab. Der Direktor der Mount-Wilson-Sternwarte, George Ellery Hale, bot ihm eine Stelle an, die er aber erst nach zwei Jahren annahm, da er von 1917 bis 1919 als Kriegsfreiwilliger in Europa war.

Mit dem neu in Betrieb genommenen 2.54-Meter-Teleskop des Mount-Wilson-Observatoriums untersuchte Hubble den großen Andromedanebel (M 31) und seine veränderlichen Sterne. Zunächst entdeckte er nur Novae, wie sie schon andere vor ihm in M 31 und anderen Galaxien gefunden hatten. Aber schließlich fand er 1923 pulsierende, regelmäßig aufleuchtende Sterne. Es waren die schon früher von Miss Henrietta Leavitt in den Magellanschen Wolken entdeckten Cepheiden, für die Ejnar Hertzsprung,

Edwin Powell Hubble (1889–1953).

Harlow Shapley und andere eine Perioden-Leucht-kraft-Beziehung aufgestellt hatten. Kennt man die Periode eines dieser Sterne, kennt man auch seine Leuchtkraft. Vergleicht man seine Leuchtkraft mit dem auf der Erde ankommenden Strahlungsstrom, so kann man seine Entfernung berechnen. Hubble konnte auf diese Weise die Entfernung zum Andromedanebel bestimmen. Der Wert von 800'000 Lichtjahren war zwar zu niedrig, aber die Größenordnung stimmte. Damit war ein für allemal geklärt, daß es sich bei den Spiralnebeln und elliptischen Nebeln um extragalakti-sche (außerhalb unserer Milchstraße liegende) Objekte handelt. Man nennt sie heute allgemein Galaxien.

1929 analysierte Hubble die Entfernungen von Galaxien, deren Rotverschiebungen im Spektrum Vesto Slipher Jahre vorher gemessen hatte. Er beschränkte sich zunächst auf Galaxien, deren Entfernung kleiner als 6 Millionen Lichtjahre war, und fand, daß es einen linearen Zusammenhang zwischen der Rotverschiebung des Lichts und der Entfernung der Galaxien gibt. In den darauffolgenden Jahren dehnte er, unterstützt von dem Beobachter Milton Humason, diese Untersuchung auf Entfernungen bis zu 100 Millionen Lichtjahre aus – der lineare Zusammenhang war nun noch viel deutlicher zu sehen. Und aus diesem Zusammenhang ergibt sich das sogenannte Hubblesche Gesetz: Je weiter eine Galaxie von uns entfernt ist, um so größer ist ihre Rotverschiebung. Hubble hat also mehrere für die Zukunft wesentliche Erkenntnisse gewonnen: Die Milchstraße ist nicht die einzige Galaxie im Universum, vielmehr gibt es unendlich viele, die sich voneinander wegbewegen – das Universum expandiert, es dehnt sich, von einem Anfangspunkt ausgehend, aus. Diese Erkenntnisse paßten sehr gut zu den expandierenden Weltmodellen, wie sie im Rahmen der Allgemeinen Relativitätstheorie von Willem de Sitter (1917), Alexander Friedmann (1922) und Georges Lemaître (1927) entwickelt worden sind. Hubble wies also durch seine Beobachtungen mit dem damals größten Teleskop der Welt und durch sein empirisch gefundenes Gesetz der «Expansion des Universums» zum ersten Mal überzeugend nach, daß unser Universum mit einem – sozusagen mit Papier und Bleistift errechneten – Friedmann-Lemaître-Weltmodell verglichen werden kann, das mit einem Urknall beginnt und sich für Hunderte von Jahrmilliarden – vielleicht für alle Zeiten – ausdehnt. Seine Untersuchung der räumlichen Verteilung der Galaxien brachte ihn zu der Einsicht, daß ihre Verteilung auf großen Skalen gleichförmig ist. Sein Buch *Das Reich der Nebel* ist ein auch heute noch lesenswerter Überblick über die extragalaktische Forschung im ersten Drittel unseres Jahrhunderts.

Der Zweite Weltkrieg unterbrach seine astronomischen Studien. Hubble arbeitete in einer ballistischen Forschungsanstalt für militärische Zwecke. Nach dem Krieg hatte er nur noch wenig Gelegenheit, die neu in Betrieb genommenen Teleskope des Palomar-Observatoriums zu benutzen. Schon 1953 starb er überraschend an einem Schlaganfall.

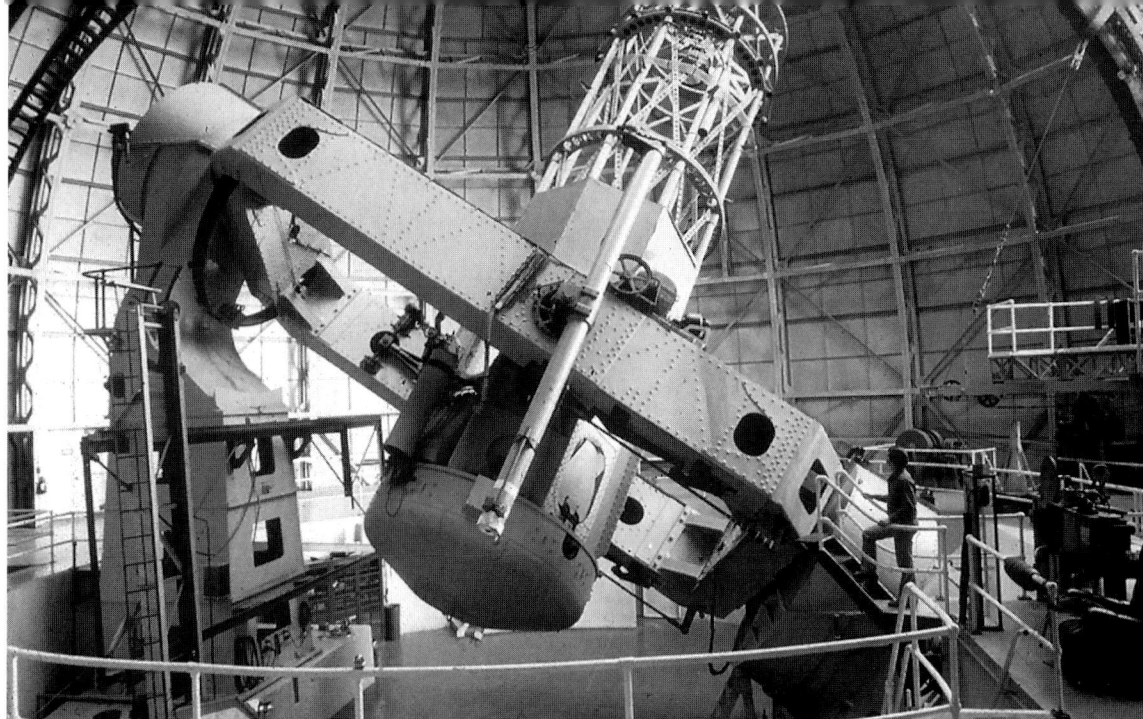

Die Entwicklung, die die optische Astronomie in diesem Jahrhundert nehmen würde, war nun vorgezeichnet: höher, größer, teurer. Wir wollen noch einige Stationen auf diesem Weg betrachten: Sozusagen als Nachfolger des Mount-Wilson-Observatoriums besaß das Palomar-Observatorium (Höhe 1700 m) für viele Jahre das größte Teleskop der Welt: ein Cassegrain-Teleskop, dessen Spiegel mit einem Durchmesser von 5.08 m schon 1934 gegossen wurde. Das Teleskop selbst wurde aber erst 1948 in Betrieb genommen. Edwin Hubble, der Meister persönlich, hat das «Big Eye» eingeweiht.

In den siebziger Jahren wurde eine ganze Reihe von großen Reflektoren in Dienst gestellt: Spiegel mit 4.0 m Durchmesser am Kitt Peak National Observatory in den USA, am Cerro Tololo Interamerican Observatory in Chile und am Anglo-Australian Observatory in Australien, solche mit 3.6 m Durchmesser an der Europäischen Südsternwarte ESO in Chile und im Canada-France-Hawaii-Teleskop in Hawaii. Nach diesen nach «klassischen» Prinzipien konstruierten Teleskopen kamen durch bessere, computerunterstützte Pointierung und Spiegeljustierung immer mehr neuartige Entwürfe zur Ausführung: das erste große optische, azimutal montierte Teleskop (Spiegeldurchmesser 6.0 m) des Special Astrophysical Observatory Zelenchukskaya im Kaukasus (Inbetriebnahme 1976), das ebenfalls azimutal montierte, aus sechs 1.82-m-Teleskopen zusammengesetzte Multiple-Mirror-Teleskop auf dem Mount Hopkins in Arizona (effektiver Spiegeldurchmesser 4.5 m), das Keck-Teleskop (Mauna Kea, Hawai, Inbetriebnahme 1992) mit einem aus 38 Segmenten zusammengesetzten Hauptspiegel von 10.0 m Durchmesser. Das bislang größte je geplante Teleskop, das sich allerdings noch im Bau befindet, ist das aus vier 8-m-Teleskopen bestehende VLT (Very Large Telescope) der Europäischen Südsternwarte ESO, das vermutlich um die Jahrhundertwende auf dem Berg Paranal in Nordchile in Betrieb gehen wird. Bei all diesen Geräten der neunziger Jahre wird die Spiegelscheibe bewußt dünn, leicht und elastisch gefertigt. Deformationen werden durch ein computergesteuertes Spiegellagerungssystem ausgeglichen. Diese «aktive Optik» sorgt für eine optimale Form der Spiegeloberfläche bei allen Neigungen und Temperaturen. Ein weiterer Schritt der Verbesserung der Bildqualität ist die «adaptive Optik», bei der die durch die atmosphärische Bildunruhe gestörte Wellenfront wieder «geradegebogen» wird. Erste Erfolge sind im langwelligen Bereich erzielt worden. Die weitere Entwicklung der Bildverbesserung bei großen irdischen Teleskopen läßt phantastische Möglichkeiten für die erdgebundene optische Astronomie am Horizont erscheinen. Vielleicht könnten eines Tages die Bilder der optischen Teleskope die Qualität der Bilder des Hubble-Weltraumteleskops erreichen. Noch aber ist es im Weltraum konkurrenzlos – und im Ultraviolettbereich wird Hubble wegen der Undurchsichtigkeit der Erdatmosphäre für immer konkurrenzlos bleiben, wie wir sogleich sehen werden.

Der 2.54-m-Hooker-Reflektor auf dem Mount Wilson bei Los Angeles – das in den zwanziger Jahren größte Teleskop der Welt. Mit diesem Gerät arbeitete Edwin Hubble (Quelle: ASP).

Weltraumastronomie – Panoramafenster ins All

Wir haben gesehen, daß durch den Bau immer besserer Teleskope das «Hilfsmittel» Licht immer besser genutzt worden ist, um das Weltall zu erforschen. Aber was ist Licht? Gibt es neben der Strahlung des Lichts noch andere Strahlung, andere Hilfsmittel, um die Geheimnisse des Weltalls zu enthüllen?

Licht ist eine elektromagnetische Welle, eine Form von Strahlung, die sich mit einer Geschwindigkeit von 300'000 Kilometern pro Sekunde im Raum ausbreitet. Es besitzt bestimmte Wellenlängen, und unser Auge registriert das Licht einzelner Wellenlängen als unterschiedliche Farbeindrücke. Ein Prisma beispielsweise spaltet weißes Licht, das sich aus Licht unterschiedlicher Wellenlängen zusammensetzt, in die einzelnen Farben auf: Es wird in die Farben des Regenbogens zerlegt. Schon um 1800 herum erkannte man, daß es neben dem sichtbaren Licht verschiedener Farben auch ganz andere Strahlung geben muß. Jenseits des roten Lichtes zeigt ein hinter das Prisma gestelltes Thermometer eine Strahlung an: die langwellige infrarote Wärmestrahlung. Jenseits des violetten Lichts existiert eine Strahlung, die Photopapier schwärzen kann: die kurzwellige Ultraviolettstrahlung. Schließlich gelang es Heinrich Hertz (1857–1894), Wellen noch längerer Wellenlänge zu erzeugen und nachzuweisen – die Radiowellen. Wilhelm Conrad Röntgen (1845–1923) entdeckte die äußerst kurzwellige Röntgenstrahlung. Es sollte aber viele Jahrzehnte dauern, bis das forschende Auge des Astronomen diese Gebiete des Spektrums erkunden konnte.

Die verschiedenen Arten von Strahlung lassen sich durch ihre Wellenlänge, ihre Frequenz oder die Energie eines «Lichtteilchens» charakterisieren. Das «Radiofenster», der Bereich der langwelligen Radiostrahlung, erstreckt sich von einer Wellenlänge von einigen zehn Metern bis zu 1 cm. Es folgen die Mikrowellen und das Infrarot (einige Millimeter bis 1/10'000 cm), für die die Atmosphäre nur sehr wenig Durchlässigkeit besitzt. Daran schließt sich das schmale optische Fenster des sichtbaren Lichts an (Strahlung mit Wellenlängen von 7/100'000 bis 4/100'000 cm oder, in einem geeigneteren Maß ausgedrückt, 700–300 nm). Von 300 nm bis 10 nm folgt der ultraviolette Teil des Spektrums, schließlich der Bereich der Röntgenstrahlen. Extrem kurzwellige Strahlung von weniger als 0.001 nm wird als Gammastrahlung bezeichnet.

All diese kurzwellige und energiereiche Strahlung wird durch die irdische Atmosphäre absorbiert, was für das Wohlergehen der Lebewesen von großer Bedeutung ist – jeder, der sich durch übermäßiges Aussetzen der UV-Strahlung einen Sonnenbrand zugezogen hat, wird dies bestätigen können. Mit anderen Worten: Nur das sichtbare Licht, schmale Bereiche des Infraroten und die Radiostrahlung können die Erdatmosphäre durchdringen, nur durch diese zwei «Fenster» können die Astronomen von der Erde aus den Weltraum erkunden. Es liegt daher auf der Hand, daß die astronomische Forschung sich zuerst dieser Strahlung angenommen hat, zunächst des Lichts und als nächstes, in der ersten Hälfte des 20. Jahrhunderts, der Radiostrahlung aus dem Kosmos. Allerdings wurde letztere nicht von einem Astronomen, sondern von einem Radiotechniker entdeckt. Nachdem um die Jahrhundertwende Versuche fehlgeschlagen waren, die Strahlung der Sonne im Radiobereich nachzuweisen, hatten die Astronomen gründlich die Lust an der Radioastronomie verloren. Doch Karl Jansky (1905–1950) fand in den dreißiger Jahren Quellen von Radiostrahlung am Himmel, und seine Untersuchungen wurden von Grote Reber (geb. 1911) in den vierziger Jahren fortgesetzt. Aber erst nach dem Ende des Zweiten Weltkrieges, als die Radartechnologie nach neuen Anwendungsgebieten suchte, nahm die Radioastronomie einen glänzenden Aufschwung. In den folgenden Jahrzehnten wurden, so wie am Ende des 19. Jahrhunderts der Bau großer optischer Teleskope begann, immer leistungsfähigere Radioteleskope gebaut, um die aus dem Weltraum einfallende langwellige Strahlung für die Wissenschaft nutzbar zu machen. Jeder kennt in Deutschland das 1970 eingeweihte 100-m-Teleskop von Effelsberg. Das derzeit leistungsfähigste Radioteleskop dürfte das Very Large Array (VLA) in der Ebene von San Augustin in New Mexico, USA, sein, das aus 27 identischen Radioparabolantennen von jeweils 24.9 m Durchmesser besteht, die über eine Fläche von vielen Quadratkilometern verteilt sind.

Doch was ist mit den anderen Bereichen des elektromagnetischen Spektrums? Um Strahlung der anderen Arten aus dem Weltraum messen zu können, mußte man, da sie ja von der Atmosphäre ganz oder zum größten Teil absorbiert wird, in den Weltraum selbst vordringen. Und so begann mit dem Zeitalter der Weltraumfahrt auch das Zeitalter der Weltraumastronomie. Doch die Anfänge waren bescheiden. Man begann nicht sofort mit dem Bau reiner Forschungssatelliten. Vielmehr war die Weltraumastronomie zunächst ein Kind des Krieges und wurde als «Abfallprodukt» militärischer Unternehmen betrieben. Einige der beschlagnahmten ballistischen V-2-Raketen der deutschen Wehrmacht wurden in den USA mit Meßgeräten ausgestattet und abgeschossen. Man erhielt die ersten Ultraviolett-Spektren der Sonne. Ein Versuch, Röntgenstrahlung vom Mond nachzuweisen, führte zur Entdeckung der ersten Röntgensterne am Himmel – und der italienische Wissenschaftler, dem sie gelang, nämlich Riccardo Giacconi, wird uns bald wieder begegnen. Mit Gammastrahldetektoren ausgestattete Satelliten, die zur Überprüfung der Einhaltung des Atomwaffensperrvertrages nach Kernexplosionen Ausschau hielten, fanden seltsame Gammablitze im Kosmos. Und auch im langwelligen Bereich des Spektrums wurden Fortschritte erzielt: Da die Infrarotstrahlung vor allem vom Wasserdampf der Erdatmosphäre verschluckt wird, gibt es Infrarotteleskope auf hohen Bergen, in hochfliegenden Flugzeugen und Ballons wie auch in Satelliten eingebaute, tiefgekühlte Teleskope zur Messung der Infrarotstrahlung.

Der erste erfolgreiche Ultraviolett-Satellit, der in eine Erdumlaufbahn gebracht wurde, war OAO-2. Dieser am 7. Dezember 1968 gestartete Trabant trug verschiedene Photometer und Spektroskope an Bord, die von der Universität von Wisconsin und dem Smithsonian Astrophysical Observatory in Cambridge/USA entwickelt worden waren. Mit ihm gelang die gründliche Erforschung der interstellaren Extinktion, der Abschwächung der Strahlung beim Durchgang durch den Staub des Weltraums, und die Entdeckung von Galaxien und Sternen mit einem Überschuß an UV-Strahlung. Am 21. August 1972 wurde OAO-3 (Copernicus) gestartet, der ein 0.80-m-Teleskop mit hochauflösenden UV-Spektroskopen und verschiedene kleinere Röntgenteleskope trug. Sein Hauptforschungsgebiet war die Untersuchung der interstellaren Materie. Der Nachweis

Drei berühmte Astronomiesatelliten: links oben der International Ultraviolet Explorer (IUE) der NASA und der ESA, links unten der deutsche Röntgensatellit ROSAT und oben rechts das Compton Gamma Ray Observatory (CGRO) der NASA (rechts oben), mit 17 Tonnen zugleich der schwerste Forschungssatellit der Raumfahrtgeschichte (Quellen: ASP und NASA).

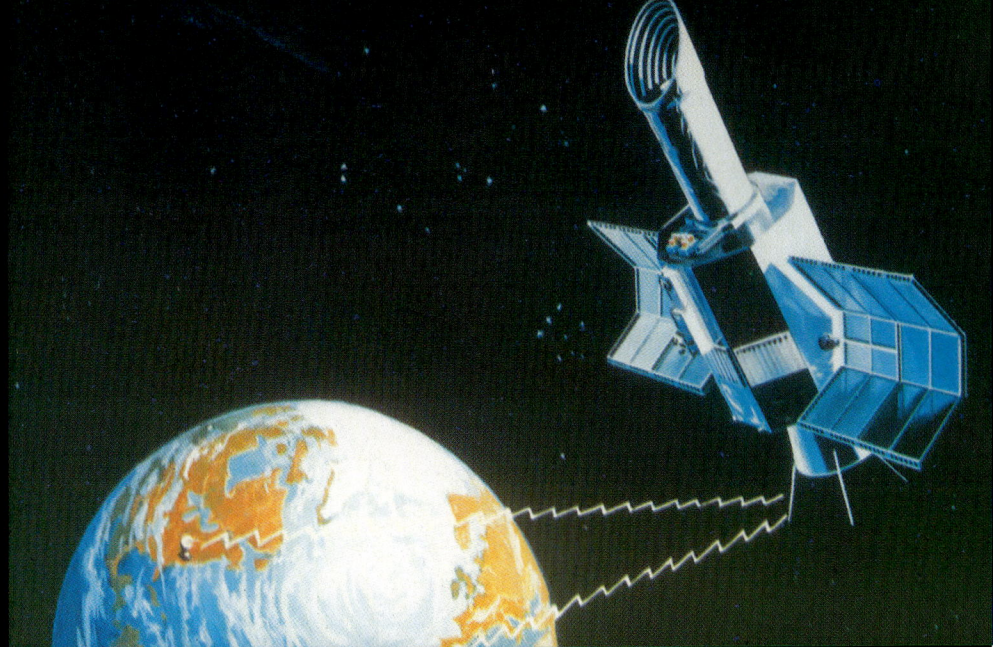

der Existenz eines den nahen Weltraum erfüllenden heißen Gases, in das Wolken kühlen Gases eingelagert sind, geht auf Messungen dieses Satelliten zurück.

Auch Europa spielt in der UV-Astronomie eine bedeutsame Rolle. Der TD-1-Satellit der ESRO wurde am 12. März 1972 gestartet und arbeitete etwa zwei Jahre. Ein 27.5 cm großer Spiegel lenkte die UV-Strahlung zu einem Spektrometer, das im Bereich von 135–255 nm arbeitete. Ein weiteres Spektrometer wirkte in drei Bereichen zwischen 206 und 287 nm. Ein Atlas mit Ultraviolett-Spektroskopie heller Sterne ist das Resultat dieses Satelliten. Ein weiterer Satellit, der Astronomical Netherlands Satellite, arbeitete von 1974–1976. Mit ihm wurde eine UV-Photometrie einer großen Zahl von Sternen durchgeführt. Der bislang erfolgreichste UV-Satellit ist jedoch der in Großbritannien erbaute International Ultraviolet Explorer (IUE), der am 26. Januar 1978 in eine geosynchrone Erdumlaufbahn gebracht wurde. Er ist mit einem 0.4-m-Teleskop und einem Spektrographen für hohe und kleine Auflösung im Bereich von 115–320 nm ausgerüstet. Von zwei Bodenstationen aus können Astronomen 24 Stunden am Tag in «real time», also ohne längere Vorausplanung, Ultraviolett-Spektren heller und schwacher Planeten, Sterne, Nebel und Galaxien erhalten. Am 31. Dezember 1997, nach fast zwanzigjährigem Dienst für die Astronomie, wird dieser Satellit vermutlich endgültig abgeschaltet werden. Neuere Trabanten (EUVE) und Geräte an Bord des Space Shuttle (Astro-2) sind vorzugsweise für Beobachtungen des fernen UV ausgelegt.

Zahlreicher noch sind die in der Röntgenastronomie eingesetzten Satelliten. Die erste für eine Röntgendurchmusterung des Himmels bestimmte Sonde war der 1970 gestartete Uhuru. Er fand 339 Quellen am Himmel, Röntgendoppelsterne, Supernovaüberreste, Seyfert-Galaxien und Galaxienhaufen. Weitere Satelliten, die zur Analyse einzelner Objekte eingesetzt wurden, waren der US-Satellit Einstein (1978–1981) und die ESA-Sonde EXOSAT (1983–1986). Eine neue Himmelsdurchmusterung wurde von dem deutschen ROSAT (ab 1990) durchgeführt. Nicht zu vergessen ist hier auch eine Reihe von japanischen Satelliten (Ginga, Asca), die in der Lage sind, Beobachtungen mit hoher spektraler Auflösung zu erhalten.

Satelliten zum Nachweis von Gammastrahlung gibt es seit den frühen sechziger Jahren, aber zunächst wurden nur wenige Quellen entdeckt; spektakulär und immer noch ungeklärt sind die sogenannten Gamma-Burster, für einige Sekunden oder Minuten aufleuchtende Quellen, die Ende der sechziger Jahre durch militärische Satelliten entdeckt wurden, so daß der erste Bericht darüber erst 1973 veröffentlicht wurde. Der 1972 gestartete US-Satellit SAS-2 (= Explorer 48) und die 1975 gestartete ESA-Sonde COS-B lieferten Karten der Gammastrahlenemission der Milchstraße und von etwa 20 Einzelquellen – meist Quasare und Pulsa-

re. Mit dem 1990 gestarteten russischen GRANAT und dem 1991 an Bord des Space Shuttle Atlantis ausgesetzten Compton Gamma Ray Observatory (CGRO) ist die Gamma-Astronomie in ein neues Zeitalter eingetreten.

Zwei Infrarotsatelliten bleiben zu erwähnen, die der Astronomie und Kosmologie wesentliche Impulse gegeben haben. IRAS war ein Gemeinschaftsprojekt von Großbritannien, den Niederlanden und der US-Weltraumbehörde NASA. Es handelte sich um ein mit flüssigem Helium gekühltes 0.6-m-Teleskop, das 1983 den Himmel bei vier Infrarotwellenlängen durchmusterte: bei 12, 25, 60 und 100 μm (1 μm = 1/1000 mm). Im Verlauf der Mission wurden fast 250'000 Infrarotquellen am Himmel entdeckt und gemessen. Ein dem IRAS-Satellit vergleichbares Teleskop, das Infrared Space Observatory (ISO), wird voraussichtlich 1995 von der ESA in den Weltraum gebracht werden. Mit seinen Spektrographen und Photometern sollen viele der mit IRAS entdeckten Quellen genauer untersucht werden.

Der Cosmic Background Explorer COBE ist ein am 18. November 1989 gestarteter Satellit, der ausgelegt war, die spektrale Verteilung und die räumlichen Fluktuationen der vom Urknall herrührenden kosmischen Mikrowellen-Hintergrundstrahlung zu erforschen. Er hat während seiner Lebensdauer die in ihn gesetzten Erwartungen voll erfüllt und ist zu einem der bekanntesten astronomischen Satelliten geworden.

Natürlich wurden die Möglichkeiten der Raumfahrt für die optische Astronomie auch schon vor dem Start von Hubble genutzt. Doch optische Teleskope wurden in der Vergangenheit praktisch ausschließlich zur Untersuchung von

Objekten des Sonnensystems verwendet. Im allgemeinen handelte es sich um kleine Fernrohre an Bord von Raumsonden zu den Planeten. Zu den erfolgreichsten gehörten die Mariner-Sonden zu Mars, Venus und Merkur (ab 1962), die Viking-Sonden zum Mars sowie die Sonden Voyager 1 und 2 zu den äußeren Planeten Jupiter, Saturn, Uranus und Neptun (Start 1977, Vorüberflug an Neptun 1989), die Landungen sowjetischer Sonden auf der Venus (1970–1982) sowie die Radarkartierung der Venus durch die US-Sonde Magellan (1990). Spektakulär war ebenfalls der nahe Vorbeiflug der ESA-Raumsonde Giotto am Halleyschen Kometen (1986).

Erst durch diese Aufzählung erschließt sich ein ungefähres Bild dessen, was die Wissenschaft in diesem Jahrhundert und besonders in den vergangenen fünfzig Jahren möglich gemacht hat. Haben die Astronomen noch zu Beginn des Jahrhunderts ausschließlich durch das Fenster des sichtbaren Lichtes in den Weltraum geschaut, so genießen sie heute durch unzählige Fenster ein Panoramabild des Kosmos, von dem die Forscher vergangener Generationen nicht zu träumen wagten: von den längsten Radiowellen bis zu den energiereichsten Gammastrahlen (die Ausnahme ist der Bereich des extremen UV, dessen Strahlen von dem im Weltraum verteilten Gas absorbiert werden) läßt sich der Kosmos beobachten.

Mit dem Bau von Hubble ist ein weiteres Fenster geöffnet worden, hat man sozusagen im Bereich des optischen Lichts die Veranda unseres irdischen Hauses betreten – ein scheinbar kleiner Schritt für die Wissenschaft, der doch mit jahrzehntelanger Planung, ungeheurem Aufwand und hohem Risiko verbunden war. Und tatsächlich schien es lange Zeit so, als würden die Skeptiker recht behalten. Doch langsam – erzählen wir die Geschichte der Reihe nach.

Hubbles dornenreicher Weg in den Weltraum

Weshalb ein optisches Teleskop im Weltraum?

Daß man Teleskope im Weltraum benötigt, um Strahlung zu sammeln und zu analysieren, die nicht zur Erdoberfläche gelangen kann, haben wir gesehen und ist ohne weiteres einzusehen. Wozu dient aber ein Weltraumteleskop im optischen Bereich? Was sind dessen Vorteile gegenüber einem Teleskop auf einem hohen Berg?

Diese Fragestellung verdient eine ausführliche Antwort. Ein wesentlicher Aspekt ist, daß in der Erdatmosphäre ein Teil des Lichtes, das uns von einem Himmelsobjekt zugesandt wird, absorbiert wird. Doch man könnte diesen Nachteil ausgleichen, indem man das irdische Teleskop ein bißchen größer baut und damit mehr Licht einsammelt. Allerdings sammelt ein Teleskop nicht nur das Licht eines Objekts ein, sondern auch das Signal des Hintergrundes – und das nimmt in einem großen Teleskop im gleichen Maße zu wie das Sternsignal. Was ist der Hintergrund? Für den gewöhnlichen Beobachter des Himmels offenbart er sich zunächst als das von künstlichen Lichtquellen – Straßenlaternen, Leuchtreklamen – ausgehende Streulicht, das uns bei der Betrachtung des Sternhimmels stört. Deshalb zieht es den Astronomen in entlegene Gebiete, fern von den großen Städten, wo er vor solchem Streulicht sicher ist. Doch auch dort gibt es natürlich dann und wann noch einen Störenfried: den Mond, dessen Licht von den Staubteilchen und Tröpfchen in der Atmosphäre gestreut wird und den Himmel aufhellt. Deshalb zieht der Astronom in die klare, dünne Luft der Berge und beobachtet die schwächsten Objekte nur, wenn der Mond nicht sichtbar ist. Aber selbst dann ist der Himmel nicht völlig dunkel: In den oberen At-

mosphärenschichten, der Ionosphäre, verbinden sich elektrisch geladene Atome mit Elektronen und senden dabei Spektrallinien aus. Dieses Luftleuchten ist mal stärker, mal schwächer; es hängt von der Sonnenaktivität ab. Um es in Zahlen zu fassen: Die Helligkeit des Nachthimmels ist so intensiv, als leuchtete in jeder Quadratbogensekunde des Himmels ein Stern 25. Größe. Bringt man nun ein Teleskop in eine Erdumlaufbahn, entgeht man dem Luftleuchten. Nur ein viel schwächeres Leuchten, das vom Gas und Staub im Sonnensystem ausgeht, liefert jetzt den «natürlichen» Hintergrund.

Ein ganz wesentlicher Faktor bleibt zu erwähnen – die Luftunruhe, die der Astronom als «Seeing» bezeichnet. Sie verschmiert die im Grunde punktförmigen Sternbildchen zu Scheibchen, die meist zwischen einer halben und zwei Bogensekunden Durchmesser besitzen. Ein Teleskop oberhalb der Erdatmosphäre spürt von dieser Unruhe nichts: Hier haben die Sternbildchen Durchmesser, die durch das theoretische Auflösungsvermögen der Teleskopoptik bestimmt sind. Durch die Wellennatur des Lichtes tritt eine «Beugung» an der Eingangsöffnung eines Teleskops auf, und ein punktförmiges Objekt erscheint in der Brennebene des Teleskopes als eine «Bergspitze», die von einer Reihe von kreisförmigen Wällen umgeben ist, deren Höhe nach außen hin rasch abnimmt. Je kleiner das Teleskop, um so breiter die Bergspitze, um so ausgedehnter das Ringsystem, um so schlechter die Auflösung des Teleskops. Man stelle sich die Abbildung zweier eng benachbarter Punktquellen vor: Fällt die Spitze der zweiten in das erste Tal der ersten, so lassen sich die beiden Punkte noch gut unterscheiden. Ein hochauflösendes Teleskop mit großem Spiegeldurchmesser au-

Die Messung von Lichtmengen

Wir betrachten ein ganz einfaches Beispiel: Ein Stern sendet uns bei einer Belichtungszeit von 1 Minute in einem Teleskop bestimmter Größe 100 Lichtteilchen zu. Die Meßstatistik besagt, daß dieser Wert von 100 nicht immer gemessen wird: mal sind es 90, mal 100, mal 110 Teilchen, die im Empfänger registriert werden. Machen wir nur eine Messung von 1 Minute, so ist der erhaltene Wert von 100 mit einem «statistischen Fehler» von 10 behaftet, bzw. das Ergebnis ist auf $10/100 = 0.1 = 10\%$ genau.

Wir haben einen in der Astronomie üblichen CCD-Empfänger mit Millionen von Bildpunkten betrachtet und angenommen, daß das Sternlicht genau auf einen dieser Bildpunkte fällt und dort gemessen werden kann. Nun «schalten» wir die Bildunruhe ein und nehmen an, daß das Sternbildchen hin und herspringt und nicht einen, sondern vier benachbarte Bildpunkte beleuchtet – und zwar mit einem Viertel der Intensität. Man liest also bei den vier Bildpunkten (etwa) den Wert 25 ab, der mit dem statistischen Fehler von 5 behaftet ist. Addieren wir die Werte der vier Bildpunkte zu 100, ergibt sich ein Fehlerwert von 20 oder 20%!

Wir haben bislang nur den Fall betrachtet, daß der Hintergrund absolut dunkel war. Im allgemeinen ist dies aber nicht der Fall. Betrachten wir das Sternenlicht nun vor einem allgemeinen Hintergrund mit einer Zählrate von 100. Wenn das Signal einen Bildpunkt ausfüllt, messen wir die Gesamtzählrate von Stern plus Hintergrund, 200 ± 14, wir ziehen vom Signal den Hintergrund ab (von dem wir annehmen wollen, daß er genau gemessen werden kann) und erhalten als Endergebnis: 100 ± 14, also eine Fehlerquote von 14%.

Wenn wir nun die Bildunruhe wieder berücksichtigen, wird die Sache interessant. Der Hintergrund bleibt bei 100, das Signal in den vier Bildpunkten nimmt auf 25 ab, wir messen also jeweils etwa 125 ± 11, Signal: $25 + 25 + 25 + 25 = 100$, Fehler $= 11 + 11 + 11 + 11 = 44$, prozentual also 44%!

Wir sehen, daß bei schwachen punktförmigen Objekten sowohl die Bildschärfe wie auch der Himmelshintergrund entscheidend für die Genauigkeit der Messung sind. Wenn wir ein Signal der Größe 40 betrachten und die obigen Rechnungen wiederholen, zunächst (1) mit einem scharfen Bild und einem Himmelshintergrund von 1, wie wir ihn im Weltraum finden, ferner (2) mit einem unscharfen Bild und einem Himmelshintergrund von 100, so ergibt sich:

(1) Gesamtsignal 41, Fehler 6.4, Signal 40 ± 6.4, Fehler 16%;

(2) Gesamtsignal 4×110, Fehler je 10.5, Signal 40 ± 42, die Fehlerquote steigt auf über 100 Prozent!!

Während das erste Signal noch gut gemessen werden kann, ist beim zweiten die Existenz schon fraglich: Man müßte beispielsweise fast hundertmal so lange belichten, um im zweiten Fall das Signal mit einem vergleichbaren Fehler zu erhalten.

ßerhalb der Atmosphäre muß also der Traum des Astronomen sein.

Das theoretische Auflösungsvermögen ergibt sich grob aus dem Produkt von Wellenlänge und Brennweite, dividiert durch den Objektivdurchmesser. Das Palomar-Teleskop sollte theoretisch Sternbildchen von 1–2 μm Ausdehnung liefern, entsprechend wenigen Hundertstel Bogensekunden. In Wirklichkeit sind die Bilder aber fast 100mal so groß! Das theoretische Auflösungsvermögen wird durch die Luftunruhe bei weitem nicht erreicht. Erst das Weltraumteleskop, das vergleichbare Dimensionen hat, sollte, mit einer Optik ausreichender Qualität ausgestattet, Sternbilder mit wenigen Hundertstel Bogensekunden Ausdehnung liefern, und dies nicht nur im sichtbaren, sondern auch im ultravioletten und im nahen infraroten Licht. Die Auflösung verschlechtert sich gemäß der oben erwähnten Beziehung vom kurzwelligen zum langwelligen Bereich um einen Faktor drei.

Die Astronomen sind nicht nur an schönen Bildern mit hoher Auflösung interessiert, sondern auch an der genauen Messung von Lichtmengen, die uns von den Sternen zugesandt werden. Wenn wir es mit einer von Natur aus praktisch punktförmigen Quelle zu tun haben, erkennen wir, daß die Meßgenauigkeit mit dem Weltraumteleskop dramatisch gesteigert werden kann. Wie unzuverlässig die Messung von Lichtmengen mit einem «normalen» Teleskop sein kann, ist im Kasten auf S. 25 erläutert.

Der Einsatz eines Teleskops im Weltraum bringt also für die Astronomen ganz entscheidende Vorteile mit sich: die irdischen Störsignale, der Hintergrund, entfallen; im Weltraum geschossene Bilder erreichen ein wesentlich höheres Auflösungsvermögen, und ein Weltraumteleskop ist für die genaue Messung von schwachen Sternhelligkeiten hervorragend geeignet, weil sich die schwachen Sterne deutlich vom Hintergrund abheben, das Bild also viel kontrastreicher wird – Grund genug, die Vorteile der Theorie in die Praxis umzusetzen. Eine eindrückliche Demonstration dieser Vorteile liefert der unmittelbare Vergleich von erdgebundener Aufnahme und Hubble-Aufnahme auf den Seiten 58–59.

Von der Idee zum Countdown

Wir haben gesehen, wie groß die Vorteile eines Teleskops im Weltraum sind. So ist es nicht verwunderlich, daß Ideen und Planungen für ein solches Projekt weit in die Vergangenheit zurückreichen. Die frühesten Wurzeln des Hubble-Projektes sind bei dem deutschen Raumfahrtpionier Hermann Oberth in den zwanziger Jahren zu finden, und 1946 hatte der amerikanische Astronom Lyman Spitzer ein großes, die Erde umkreisendes Teleskop vorgeschlagen – zu einer Zeit, als gerade mal zwei Jahre bekannt war, daß die Sterne ihre Energie durch Kernfusion erzeugen, und zwei Jahrzehnte, daß die Milchstraße nicht die einzige Galaxie ist und das gesamte Universum expandiert. «Der wichtigste Beitrag eines so radikal neuen und leistungsfähigeren Instruments», hatte Spitzer geschrieben, «würde nicht sein, unsere gegenwärtigen Ideen über das Universum, in dem wir leben, zu ergänzen, sondern neuartige Probleme aufzudecken, die sich noch niemand vorstellt». Mit Beginn des Raumfahrtzeitalters war die Zeit reif für konkrete Diskussionen.

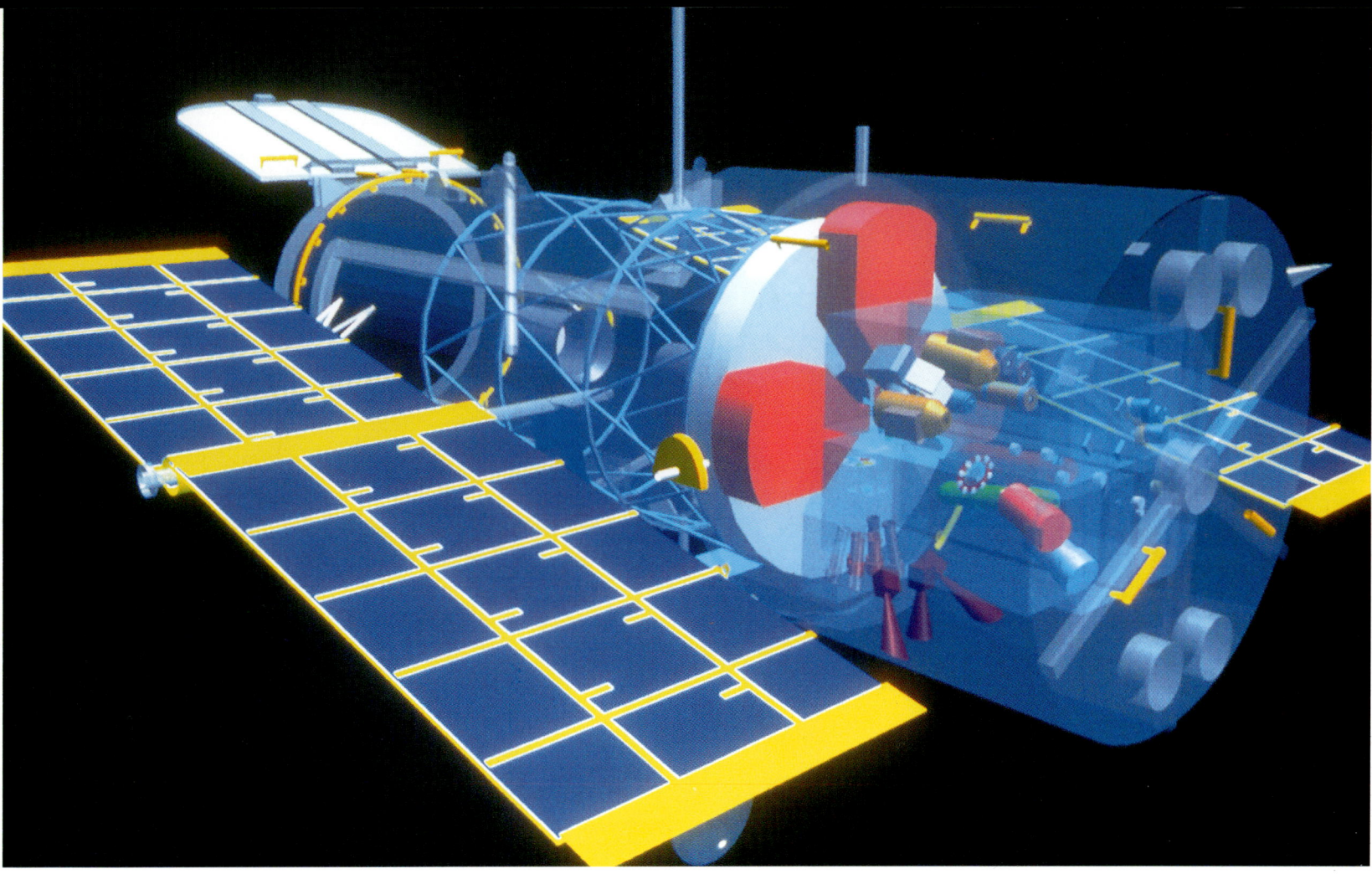

Aufriß des Weltraumteleskops, von schräg hinten gesehen: Das Sternenlicht fällt von links hinten kommend durch den Tubus auf den grau gezeichneten Hauptspiegel und wird auf einen Sekundärspiegel und von diesem in die Brennebene reflektiert, die sich die für die Nachführung wichtigen Fine Guidance Sensors (rot) und bis zu fünf wissenschaftliche Instrumente teilen. Links und rechts vom Tubus breiten sich riesige Solarzellenflächen aus, um die Elektronik des Satelliten mit Strom zu versorgen (Quelle: ESA).

In den sechziger Jahren wurde die Idee eines großen Teleskops im Weltraum, Arbeitsbezeichnung Large Space Telescope oder LST, immer wieder innerhalb der NASA und unter amerikanischen Astronomen diskutiert. Lyman Spitzer war auch 20 Jahre nach seinen wegweisenden Worten noch einer, auf den man hörte, und so war wieder er es, der 1969 forderte, ein Teleskop mit 3 m Durchmesser in der Erdumlaufbahn zu stationieren. Die Idee fiel auf fruchtbaren Boden: Im Jahre 1972 betraute die NASA ihr Marshall Space Flight Center mit der Leitung des Projekts. Charles Robert O'Dell wurde Projektwissenschaftler des LST, der so zum «Vater» des konkreten Projektes wurde (mit Spitzer als Groß- und Oberth als Urgroßvater). Das Marshall-Zentrum freute sich über den Auftrag, war es doch nach dem abrupten Ende des Apollo-Programms auf der Suche nach einem ähnlich spektakulären Projekt wie

der Landung auf dem Mond – aber Geld, um das Teleskop zu bauen und zu starten, gab es noch lange nicht.

1972 war auch das Jahr, in dem die NASA mit der Entwicklung des ersten wiederverwendbaren Raumtransporters, des Space Shuttle, begonnen hatte. Von Anfang an war das Weltraumteleskop eng mit dem Shuttle verzahnt. Der Plan sah vor, daß der Raumtransporter den Satelliten nicht nur in der Umlaufbahn abliefern, sondern auch regelmäßig besuchen sollte: Das Teleskop sollte mit der Raumfähre fest verbunden werden, und die Astronauten sollten in den hinteren Teil des Satelliten schweben und Instrumente austauschen. Die Möglichkeit regelmäßiger Besuche durch – wie Anfang der siebziger Jahre versprochen wurde – unglaublich billige Raumfährenflüge sollte auch das Weltraumteleskop billiger machen. Durch regelmäßige Wartung sollte das Weltraumteleskop «die Unsterblichkeit der großen

Teleskope auf der Erde erreichen», versprach O'Dell 1972. Die Astronomen erwarteten, daß die NASA den geplanten Bau ab 1976 finanzieren würde. Gestartet werden sollte 1980.

Zwischen den Träumen der amerikanischen Astronomen und dem Weltraum standen jedoch die amerikanischen Volksvertreter. Schon angesichts der Ölkrise 1974 wäre es mit dem Weltraumteleskop beinahe wieder vorbei gewesen. Die Kongreßabgeordneten interessierte nur, was das Unternehmen denn kosten sollte, und 400–500 Millionen Dollar, auf sechs Jahre verteilt, waren zuviel. Keine fünf Minuten wurde beraten – dann wurden sämtliche Mittel gestrichen! Den Astronomen wurde erst jetzt klar, daß ihre Euphorie für «große Wissenschaft» nicht mehr jedem einleuchtete. Sie hatten versäumt, für das Projekt Werbung zu machen – ja nicht einmal alle einflußreichen Astronomen Amerikas standen dahinter.

Wieder war es Lyman Spitzer, der die Truppen für das Weltraumteleskop sammelte. Das Kunststück gelang: Spitzer brachte eine Erklärung zustande, die auch zuvor gegenüber dem LST kritisch eingestellte Astronomen unterschrieben und nach der «das Large Space Telescope die führende Priorität unter den zukünftigen Instrumenten der Weltraumtechnologie besitzt». Gegenüber dem US-Kongress traten nun alle gemeinsam auf – und dort besann man sich eines Besseren. Zunächst sollten 1975 6.2 Millionen Dollar für weitere Studien des Projekts genehmigt werden, von denen der besonders auf Sparsamkeit pochende US-Präsident Ford allerdings nur die Hälfte übrigließ und der NASA die Notwendigkeit der «substantiellen Mitarbeit an-

derer Nationen» ins Stammbuch schrieb. Die Astronomen hatten gewonnen, aber das Teleskop, das ab 1977 von der NASA finanziert wurde, war dabei kleiner geworden (der Durchmesser sank auf 2.4 m) und sollte später starten. Hauptauftragnehmer für den Satelliten wurde die Firma Lockheed in Kalifornien, die sich bereits mit dem Bau von superscharfen Aufklärungssatelliten einen Namen gemacht hatte. Von dieser Technologie sollte Hubble profitieren. Das Herz des Satelliten, die Optik, sollte jedoch Perkin-Elmer in Connecticut bauen, eine Firma, die sich in einem harten

Oben links: Ein ESA-Manager erläutert ein 1:1-Modell der Faint Object Camera (Quelle: D. Fischer). Oben rechts und unten: Die Sonnensegel, die selbst im komplett aufgerollten Zustand noch gewaltige Ausmaße besitzen. Entfaltet (oben rechts) sind sie so biegsam, daß sie für Tests auf Wasser gelagert werden mußten (Quellen: D. Fischer und ESA).

Hubble kurz vor der Fertigstellung. Man beachte die angelegten und aufgerollten Sonnensegel, die große schwarze Kommunikationsantenne – und wie klein die Techniker rechts im Vergleich erscheinen (Quelle: NASA)!

Wettbewerb gegen zwei Konkurrenten durchsetzte – mit dem Argument, bei ihr sei das Management besonders gut. Diese Einschätzung sollte sich allerdings als gewaltiger Irrtum erweisen…

War das Unternehmen Hubble ausschließlich ein Projekt der NASA? An eine Kooperation mit der Sowjetunion (wie sie damals noch hieß) konnte zu dieser Zeit natürlich nicht gedacht werden, und die Japaner waren in ihrer Entwicklung noch nicht soweit. Aber natürlich waren die Europäer an dem geplanten Weltraumteleskop interessiert. Seit 1973 gab es Kontakte zwischen der amerikanischen Weltraumbehörde NASA und der europäischen ESA (European Space Agency) über eine mögliche Beteiligung der Europäer, die ja aus finanziellen Gründen auch die USA wünschten. Sie bestand schließlich aus folgenden Punkten: Die ESA stellt die «Faint Object Camera» (FOC), eine Kamera zur Aufnahme lichtschwacher Objekte, zur Verfügung. Die Technologie, eine solche Kamera zu bauen, die jedes Lichtteilchen mit Ort und Zeit aufzeichnet, war damals in Großbritannien am weitesten entwickelt – sie war Europas Ticket für Hubble. Am University College London war ein solches Gerät schon für den Einsatz an optischen Teleskopen auf der Erde entwickelt worden; für das Weltraumteleskop sollte eine verbesserte Version konstruiert werden. Ferner stellte die ESA Stellen für wissenschaftliche Mitarbeiter aus Europa zur Verfügung, die am Space Telescope Science Institute in Baltimore arbeiten, und richtet ein Koordinierungsinstitut in Garching bei München ein. Schließlich wurden auch die Solarzellen des Weltraumteleskops von der ESA zur Verfügung gestellt.

Im Oktober 1977 wurde demgemäß ein Vertrag zwischen der NASA und der ESA geschlossen, die als Gegenleistung für ihre Unterstützung mindestens 15 Prozent der zur Verfügung stehenden Beobachtungszeit mit Hubble erhielt.

Natürlich war es auch diesmal so, wie es bei Großprojekten immer ist. Im Laufe des Bauprozesses wurden alle finanziellen Planungen über den Haufen geworfen, und mit ca. 2 Milliarden Dollar wurde das Projekt schließlich viermal so teuer wie ursprünglich geplant. Der erste konkrete Starttermin war von der NASA für Oktober 1983 vorgesehen worden. Doch die Komplexität der Aufgabe, eine optische Großsternwarte in einer niedrigen Erdumlaufbahn einzurichten, war weit unterschätzt worden, und das Datum verschob sich, auch aufgrund immer neuer finanzieller Probleme, immer weiter nach hinten. Anfang 1986 schien aber der Start nur noch eine Frage von Monaten zu sein. Doch dann geschah, was damals die ganze Welt erschütterte: Kurz nach dem Start explodierte am 28. Januar 1986 der Shuttle Challenger. Die gesamte Besatzung kam ums Leben, und das Raumfährenprogramm wurde für zweieinhalb Jahre eingestellt. Wieder einmal mußte Hubble – wie übrigens die allermeisten anderen Weltraumprojekte auch – zurückgestellt werden. Das praktisch fertiggestellte Teleskop wurde für vier Jahre in einer staubfreien Montagehalle bei Lockheed verwahrt, die Sonnenzellen wieder demontiert und nach Europa zurückgebracht. Ende 1988 flogen die Shuttles wieder, und das Weltraumteleskop, das als eines der wichtigsten zivilen Projekte galt, wurde für den endgültigen Start im April 1990 vorgesehen.

Am 7. April begann denn auch programmgemäß der Countdown für die Raumfähre Discovery. Das Weltraumteleskop war zuvor mit Hilfe eines riesigen Transportflugzeuges zum Weltraumbahnhof Cape Canaveral gebracht worden. Als es schließlich in der Ladebucht der Discovery verstaut worden war, trug die Raumfähre die teuerste zivile Ladung aller Zeiten. Scheinbar unaufhaltsam rückte der Start am 10.4. näher. Tausende von Ingenieuren und Technikern hatten dem Unternehmen Jahre ihres Lebens gewidmet. Für sie und für die Astronomen hätte ein Traum in Erfüllung gehen sollen. Und lag nicht auch das Problemkind, das Weltraumteleskop, sicher verankert und voll funktionsfähig in der Ladebucht? So manchen der Wissenschaftler und Techniker, die die Entstehung jahrelang begleitet hatten, mochten nagende Zweifel beschleichen – doch dafür war jetzt nicht der geeignete Zeitpunkt. Immerhin konnte niemand einen konkreten Grund nennen, warum Hubble nicht hätte starten sollen. Bis neun Minuten vor dem Start lief denn auch alles programmgemäß. Auch der letzte «Hold», die allerletzte planmäßige Überprüfung des Shuttles vor dem Abheben, ergab keine Probleme. Und doch: Fünf Minuten vor dem Start, als die Hilfsaggregate, die die Hydraulik des Shuttleorbiters betreiben, gestartet werden, treten Laufungenauigkeiten auf.

Noch ließ Startdirektor Bob Sieck den Countdown weiterlaufen, aber in der Minute, in der Hubbles historische Reise hätte beginnen sollen, mußte er den Abbruch des Starts bekanntgeben. Die 200 Nachfahren und Verwandten des Astrophysikers Edwin Hubble, die ihm am Kennedy Space Center hatten beiwohnen wollen, mußten enttäuscht von dannen ziehen...

Genau zwei Wochen später: In rekordverdächtiger Zeit sind die defekten Hilfsaggregate ersetzt worden. Und wie-

Der Start! Am 24. April 1990 um 14 Uhr 33 Minuten und 51.0492 Sekunden Mitteleuropäischer Sommerzeit (8:33 Uhr Ortszeit) hebt die Raumfähre Discovery mit fünf Astronauten und der wertvollen Nutzlast von der Startrampe in Florida ab (Quelle: NASA).

der läuft der Countdown. Am 24. April 1990, 14:30 Uhr MESZ oder 8:30 Ortszeit in Florida, ist er bei - 60 Sekunden angekommen, und diesmal laufen alle drei Hilfsaggregate einwandfrei. 31 Sekunden vor dem Start soll wie stets der Countdown vom Kontrollzentrum an den Shuttle selbst übergeben werden – aber Discoverys Bordcomputer glaubt, eine Ventilstellung sei falsch, und hält ihn an. Große Verwirrung, denn der Hydrazin-Treibstoff der Hilfsaggregate reicht nur noch einige Minuten. Doch in kürzester Zeit ist die Ventilmeldung als Softwarefehler erkannt, und es wird weitergezählt: Um 14 Uhr 33 Minuten und 59 Sekunden MESZ erhebt sich die Discovery von der Rampe, an Bord «das Hubble Space Telescope, unser Fenster ins Universum», wie der NASA-Startkommentator in einem sicher oft trainierten Satz verspricht. Die Discovery verschwindet kurz in einer dünnen Wolke, ist dann aber wieder zu sehen – und nur acht Minuten später in über 600 km Höhe angekommen. Der Start ist gelungen. 15 Jahre lang soll nun Hubble besagtes Fenster ins Universum sein, soll den Astronomen bei der Lösung unzähliger Probleme helfen. Selten sind so große Erwartungen an den Start eines Satelliten geknüpft worden – und selten sind sie auch, zumindest in den Anfangsjahren, so enttäuscht worden.

In der Umlaufbahn

Nur ganz selten wagen sich Menschen so hoch hinaus wie die Discovery-Besatzung, die Hubble aussetzte (das letzte Mal im Rahmen des letzten Apollo-Mondfluges, 18 Jahre zuvor). Doch jeder Kilometer, den das Weltraumteleskop

höher ausgesetzt werden kann, verlängert seine Lebensdauer im Orbit. Denn selbst in dieser Höhe ist noch so viel Restatmosphäre vorhanden, daß der Riesensatellit beständig abgebremst wird und immer tiefer sinkt. Mindestens einmal während der vorgesehenen 15 Jahre Betrieb muß Hubbles Bahn auf jeden Fall von einem Shuttle angehoben werden (eigene Triebwerke besitzt der Satellit nicht), aber dieses Manöver ist ziemlich kompliziert und mit Risiken für das Teleskop verbunden. Je weiter oben es sein Leben beginnt, desto besser. Zwischen 613 und 615 km Höhe liegt die nahezu kreisförmige Bahn, die die Discovery einige Stunden nach dem Start eingenommen hat: Das Aussetzen Hubbles kann vorbereitet werden.

Schon fünf Stunden nach dem Start sendet der Satellit seine eigenen Funksignale, wird aber noch von der Discovery mit Strom versorgt. Einen Tag später, am 25. April, wird die «Nabelschnur» gekappt: Acht Stunden bleiben nun, um die Solarzellenflächen auszurollen, damit die Batterien des Teleskops nicht zu tief entladen werden. Voll entfaltet sind sie zwölf Meter lang: Damit sie mit ihren 48'760 einzelnen Zellen in die Ladebucht passen, sind sie extrem dünn gehalten (unter Schwerkraftbedingungen fielen sie sofort in sich zusammen!) und werden aufgerollt an die Seiten Hubbles geklappt. Alle Sonnenzellen zusammen leisten 4.4 kW und sollen den Satelliten mit Strom versorgen. Am Morgen des zweiten Tages wird das Weltraumteleskop mit Hilfe eines in Kanada gefertigten Greifarmes vom Astronauten Steve Hawley aus der Ladebucht der Weltraumfähre gehievt. Die Sende- und Empfangsantennen werden ausgefahren, die Sonnensegel entrollt – doch eines der beiden Segel klemmt. Dieses Problem erweist sich als so schwerwiegend,

Ausgesetzt! Diese faszinierende Aufnahme ist Sekunden nach dem Ausklinken vom Robotarm der Discovery entstanden. Auf Hubbles noch geschlossenem Deckel spiegelt sich die Erde (Quelle: NASA, Smithsonian Institution und IMAX Corp.).

daß der Ausstieg von zwei der Astronauten vorbereitet wird, um nachzuhelfen. Solche Eingriffe bei mechanischen Ausfällen waren ausgiebig trainiert worden, aber schließlich erweist sich der Weltraumspaziergang als doch nicht nötig: Mit den voll ausgebreiteten Solarzellen und wieder steigender Batteriespannung sowie ausgeklappten Hochleistungsantennen wird das Teleskop schließlich um 21:38 MESZ freigelassen. Hubble ist nun ein «richtiger» Satellit. Ganz langsam zieht sich die Discovery nun zurück, damit die Düsen den so sorgfältig saubergehaltenen Satelliten nicht im letzten Moment doch noch verschmutzen und womöglich das UV-Reflexionsvermögen seiner Optik ruinieren.

Abgesehen von gelegentlichen Blicken mit einem Feldstecher auf das ferne Teleskop hatten die Astronauten jetzt nichts mehr mit Hubble zu tun, blieben aber noch zwei Tage in Bereitschaft: Im äußersten Notfall hätten sie den Satelliten wieder einfangen und zur Erde zurückbringen können. Nichts wäre der NASA peinlicher gewesen, als ein funktionsunfähiges Teleskop im Orbit zurücklassen zu müssen,

und deshalb hatten einige der Astronauten alle erdenklichen Notmaßnahmen erprobt – zum Beispiel den Fall, daß sich Hubbles große Klappe nicht öffnet. Tatsächlich zieht sich diese Operation wegen anhaltender Kommunikationsprobleme über Stunden hin. Und sie befördert den Satelliten zum ersten und nicht zum letzten Mal in einen «Safe Mode»: Immer wenn er sich in Gefahr wähnt, zu Recht oder nicht, macht er sich von den Kommandos der Erde unabhängig und sorgt umgehend dafür, daß die Solarzellen genügend Licht bekommen und die Optik nicht direkt in die Sonne zeigt. Oft dauert es dann Stunden, manchmal Tage, um Hubble wieder unter Kontrolle zu bringen.

Tatsächlich rissen die technischen Schwierigkeiten nicht ab. Gravierend waren vor allem Erschütterungen, die *jedes Mal* auftraten, wenn Hubble auf seiner Bahn die Tag-Nacht-Grenze kreuzte: Rasch wurde klar, daß sich dabei offenbar die gewaltigen Solarzellenflächen verspannten und sprunghaft verformten. Dadurch verlor der Satellit jedes Mal die Sterne aus seinen Meßfeldern, mit denen er auf den winzi-

Die Wide Field and Planetary Camera

Die Wide Field and Planetary Camera, abgekürzt WF/PC und ausgesprochen «Wiffpick», und ihr Nachfolger WF/PC-2 sind die einzigen Instrumente Hubbles, die nicht von hinten, sondern von der Seite in den Strahlengang ragen und wegen ihrer Form und Größe gern mit einem Konzertflügel verglichen werden. Die alte WF/PC bestand eigentlich aus acht Kameras, von denen je vier zusammen aktiv waren, je nachdem in welche Richtung eine Pyramide im Strahlengang das Licht aus der Hubbleoptik ablenkte. Die jeweils vier im Quadrat angeordneten CCD-Chips wurden dann beleuchtet: Als Hubble konzipiert wurde, waren diese «Charge Coupled Devices» (der korrekte deutsche Name «Eimerkettenbausteine» wird praktisch nie benutzt) noch Neuland in der Astronomie, während sie heute in jedem preiswerten Camcorder stecken. Hubbles CCD-Chips hatten je 800 × 800 Bildelemente (Picture Elements oder Pixel): Hier sammelten sich während der Belichtung elektrische Ladungen proportional zur Lichtstärke an, die anschließend ausgelesen werden konnten. Im Prinzip sollte die WF/PC im Wellenlängenbereich von 115 bis 1100 nm empfindlich sein, aber ein Belag aus organischem Material, der sich trotz aller Bemühungen um Sauberkeit auf ihren optischen Teilen gebildet hatte, reduzierte die Empfindlichkeit jenseits von 300 nm – also fast im ganzen UV-Bereich – erheblich, doch für den war ohnehin die europäische Faint Object Camera zuständig.

Während das Bildfeld der vier «Wide Field»-Chips zusammen 2.7 Bogenminuten groß war – für ein Photomosaik des Mondes hätte man fast 100 Aufnahmen gebraucht – und 1/10 Bogensekunde pro Pixel hatte, zeigte die «Planetary Camera» 1.1 Bogenminuten, dafür aber mit doppelter Auflösung (0.04 Bogensekunden). Der größte Planet Jupiter würde so gerade noch ins Bildfeld passen, daher der Name, aber auch ferne Galaxien. Insgesamt 48 Farbfilter standen zur Verfügung, um einzelne Farbbereiche oder sogar einzelne Spektrallinien zu isolieren, Polarisationsfilter und Beugungsgitter. Die Elektronik der Kamera erlaubte im Prinzip Belichtungszeiten zwischen 1/9 Sekunde und 28 Stunden, aber die praktische Obergrenze lag bei etwa einer Stunde. Sterne bis zur 28. Größe sollten mit der WF/PC erreichbar sein – 100mal schwächere Objekte als die besten Teleskope auf der Erde in den siebziger und frühen achtziger Jahren sehen konnten. Verbesserte optische und vor allem elektronische Möglichkeiten hatten allerdings in den letzten Monaten vor Hubbles Start auch der erdgebundenen Astronomie ähnliche Helligkeitsbereiche eröffnet. Die Schere zwischen der Erd- und der Weltraumastronomie begann gerade wieder zu schrumpfen, als Hubble endlich stationiert war. Seine Kombination aus Schärfe *und* Empfindlichkeit (bis weit in den UV-Bereich hinein) allerdings kann auf der Erde prinzipiell nicht erreicht werden!

gen Bruchteil einer Bogensekunde genau ausgerichtet bleiben sollte. Die ausgeklügelten Kreiselsysteme, mit denen Hubble in allen Achsen gedreht werden kann, waren zu schwach, um den Erschütterungen effizient begegnen zu können: Schon Mitte Mai zeichnete sich damit das erste große Malheur bei der Konstruktion Hubbles ab, ein fundamentaler und nicht komplett auszugleichender Konstruktionsfehler, der die wissenschaftliche Arbeit erheblich zu beeinträchtigen drohte. Und hatten nicht die Astronauten berichtet, eines der Sonnensegel habe verspannt ausgesehen? Doch von der ganz großen Panne des Hubble-Programms ahnte in diesen Tagen noch niemand etwas.

Und was war mit der eigentlichen Arbeit Hubbles? Eine Woche nach dem Start war man bereits vier Tage hinter dem kühnen Plan zurück, der von einer drei Monate dauernden sogenannten Orbitalverifikation ausging, nach der der Satellit perfekt arbeiten sollte, gefolgt von einer fünf Monate andauernden Erprobungsphase für die Instrumente und die wissenschaftliche Arbeit. Ende 1990 hätten neben den Wissenschaftlern, denen als Konstrukteuren der fünf Detektorsysteme zunächst alle Beobachtungszeit zustand, auch die ersten Gastbeobachter zum Zuge kommen sollen. Zehnmal soviel Zeit wie zur Verfügung stand, war von Astronomen in Amerika und Europa beantragt worden, und es war davon auszugehen, daß die Nachfrage noch steigen würde.

Doch noch arbeitete keines der wissenschaftlichen Instrumente. Erst mußte der Fokus des ganzen Teleskops in die Nähe des richtigen Punkts geschoben werden, mußte Hubbles Optik richtig eingestellt werden. Die Unschärfe der Abbildungen der punktförmigen Sterne maßen dabei die sogenannten Fine Guidance Sensors, dieselben Instrumente, die später für die Feinausrichtung Hubbles sorgen sollten. Aber dafür mußten erst einmal angemessen helle Sterne in die entsprechenden Meßfelder gebracht werden – was wegen eines Rechenfehlers erst nach weiteren Tagen Kopfzerbrechens am 4. Mai gelang. Nach einigen Bewegungen des Sekundärspiegels schien die Fokuslage gut genug, um das erste Bild zu wagen. Die NASA organisierte rund um das «First Light», wie die Aufnahme des ersten richtigen Bildes mit einem neuen Teleskop in Astronomenkreisen etwas verklärt bezeichnet wird, ein größeres Presseereignis: In der Fachpresse war schließlich gefordert worden, dem Steuerzahler müßten nach seinen Investitionen von 2.1 Milliarden Dollar so rasch wie möglich nach dem TV-Spektakel von Start und Aussetzen Ergebnisse geboten werden. Den Experten allerdings war klar, daß zu einem so frühen Zeitpunkt kaum schärfere Bilder als von einem guten Teleskop auf der Erde erwartet werden konnten.

An einem Sonntagmorgen, dem 20. Mai 1990, sollte das «First Light»-Bild der Wiffpick geschossen werden, und die NASA hoffte im grellen Scheinwerferlicht des Goddard Space Flight Centers (von wo aus die eigentlichen Kommandos an den Satelliten gingen) auf ein Publicityspektakel.

Um 6 Uhr morgens Ortszeit waren die Kommandos für die Aufnahme zweier Bilder an den Satelliten gefunkt worden. Ein Sternhaufen (NGC 3532) auf der südlichen Himmelshalbkugel war das Zielobjekt. Spektakulärere Objekte, etwa von dem Eta-Carinae-Komplex, durften nicht ins Visier genommen werden, weil es nach erbitterten Diskussionen regelrechte Prioritätsrechte einzelner Wissenschaftler an den wichtigsten Himmelsobjekten gab. Das erste Bild wurde nur eine Sekunde lang belichtet, das andere immerhin 30 –

GROUND BASED IMAGE
LAS CAMPANAS OBSERVATORY
CARNEGIE INST. OF WASHINGTON

HUBBLE SPACE TELESCOPE
WIDE FIELD/PLANETARY CAMERA

NASA

Ground-based Image
Nordic Optical Telescope

Faint Object Camera
Hubble Space Telescope

NASA · esa

Historische Aufnahmen: Das «First Light» für die Wide Field und Planetary Camera am 20.5. und die Faint Object Camera am 17.6.1990! Das große Bild zeigt die Originalbilddaten der 30-Sekunden-Aufnahme mit allen Störungen und Verunreinigungen: Die Bilder der Sterne sind vergleichsweise scharf, was die NASA zur Veröffentlichung eines Ausschnitts im Vergleich mit einer erdgebundenen Aufnahme veranlaßte. Den Optikfehler hatte man zu diesem Zeitpunkt noch nicht entdeckt. Wohlbekannt war er allerdings, als einen Monat später die ESA ihr erstes Bild mit der FOC aufnahm (unten) – und trotzdem zeigt es in der veröffentlichten Version perfekte Sternbilder. ESA-Mitarbeiter weisen jedoch den Vorwurf energisch zurück, sie hätten den Aberrations-Lichthalo gezielt per Bildverarbeitung unterdrückt (Quellen: STScI, NASA und ESA).

man konnte ja nie wissen. Zunächst kam nur – über eine kleine Antenne des Teleskops – die Bestätigung, daß sich der Verschluß der Kamera tatsächlich geöffnet hatte und daß die Daten auf den Bandrekorder geschrieben worden waren; bis zur Übertragung zum Boden würde es noch dauern. Da Hubble auf einer niedrigen Bahn um die Erde kreist, ist Kontakt mit der Erde nur möglich, wenn ein Relaissatellit in der richtigen Position und ein freier Kanal zur Verfügung stehen, den Hubble sich mit etlichen zivilen und militärischen US-Satelliten teilen muß. Schließlich war es soweit, die Übertragung der Bilder begann, von Hubble zu dem Relaissatelliten, von dort zu dessen Bodenstation und wieder hinauf zu einem zweiten geostationären Satelliten und dann hinein in die Computersysteme in Baltimore und bei Goddard – selbst mit Lichtgeschwindigkeit dauerte das mehrere Sekunden.

Das erste, nur eine Sekunde lang belichtete Bild zeigte nicht viel, aber ein relativ heller Stern war, so früh nach dem Start, überraschend gut getroffen worden (eine halbe Bogensekunde groß). Das kurz danach eintreffende, länger belichtete Bild ließ etliche Sterne mehr erkennen – die Ka-

mera funktionierte und die Optik im Großen und Ganzen auch: Das Abenteuer hatte begonnen. Aber auch die ersten Aufnahmen zeigten bereits, daß etwas an der Form der Sternbilder seltsam war: Anstelle einer symmetrischen Lichtverteilung bestand sie aus einer zentralen Helligkeitsspitze plus einer unscharfen Scheibe von über einer Bogensekunde Ausdehnung, in der bei den hellsten Sternen Tentakel wie Spinnenbeine zu erkennen waren. So ein zweiteiliges Muster des Sternenlichts war noch bei keinem korrekt arbeitenden Teleskop auf der Erde gesehen worden, und es war auch bei Hubble nicht zu erwarten gewesen. In den folgenden Wochen, als auch weitere Bilder dasselbe rätselhafte Muster zeigten, wuchsen allmählich die Sorgen, der Verdacht eines fundamentalen Problems machte sich breit: Waren die Spiegel des Teleskops etwa deutlich weniger glatt ausgefallen, als man nach ihren abschließenden Tests am Boden gedacht hatte? Waren sie auf dem Weg in den Orbit beschädigt worden – gab es eventuell sogar ein erhebliches Konstruktionsproblem?

Über viele der Störungen, die Hubble in den ersten Wochen heimgesucht hatten, war die Öffentlichkeit informiert worden – aber über die seltsame Natur der Sternabbildungen des Teleskops wurde geschwiegen. Zwar wurden im Mai und Juni gelegentlich Sternaufnahmen veröffentlicht, aber nie in einer Qualität, die ihre bizarre Struktur zu erkennen gegeben hätte – es war immer nur das scharfe Zentrum

der Sternbilder zu erkennen. Wurde die Welt, ihre Astronomen inklusive, gezielt in die Irre geführt, wie Hubble-Kritiker später dem Projekt vorwerfen sollten? Doch die Vorsicht war gerechtfertigt: Wäre die NASA damals gleich mit den mißratenen Sternbildern an die Öffentlichkeit gegangen und hätte laut über die Ursache spekuliert, dann hätten sich die beschuldigten Firmen mit Fug und Recht beklagen können. Zuerst mußte zweifelsfrei bewiesen werden, wo im komplizierten Strahlengang die Bildstörung erzeugt wurde.

Weil die Positionierung Hubbles immer noch erhebliche Probleme bereitete, war der Satellit wochenlang nicht aus der Carina-Region am südlichen Sternenhimmel herausgedreht worden – die Kontrolleure am Goddard Space Flight Center fürchteten, bei einem größeren Schwenk ganz die Orientierung zu verlieren. Immer noch mißlang es regelmäßig, die Leitsterne in den Fine Guidance Sensors zu halten – Belichtungen von mehr als einer Minute begannen zu verwischen. Der ganze Satellit vibrierte auch weiterhin

Die Faint Object Camera

Die Faint Object Camera (FOC) funktioniert nach einem ganz anderen Prinzip als die Wiffpick: Sie registriert jedes Lichtteilchen individuell. Die FOC besteht aus zwei identischen Photonenzählern, zusammengesetzt jeweils aus einem dreistufigen Bildverstärker, der das Signal ähnlich einem Nachtsichtgerät 100'000fach verstärkt, und einer Videokamera mit Bildverarbeitungselektronik, die den Ort ermittelt, wo das Lichtquant aufgetroffen ist. Diese Technik gibt der Faint Ob-

ject Camera zwar eine enorme Lichtempfindlichkeit, doch bei helleren Objekten versagt sie: Mehr als ein Photon pro Bildpunkt pro Sekunde kann sie nicht verarbeiten. Andererseits ist sie aber weit ultraviolettempfindlicher als die WF/PC – und hat eine noch höhere Winkelauflösung. In einem der beiden Strahlengänge sind die Pixel 0.04, im anderen sogar nur 0.02 Bogensekunden groß; zugleich messen die Bildfelder 22 bzw. 11 Bogensekunden. Das Herzstück stammte aus England, zusammengebaut wurde die FOC unter anderem bei der deutschen Firma Dornier.

für volle zehn Minuten nach jeder Überquerung der Tag-Nacht-Grenze. Es war jetzt klar, daß die Mechanik der besonders leicht konstruierten Solarzellenflächen einen schweren Konstruktionsfehler aufweisen mußte.

Am 17. Juni war dann auch die zweite Kamera, die Faint Object Camera, bereit für ihr «First Light». Für sie war der offene Sternhaufen NGC 188 in der Nähe des Himmelsnordpols ausgewählt worden. Sieben Aufnahmen gelangen

Hubbles optisches System

Hubbles optisches System ist von der Ritchey-Chrétien-Bauweise, die schon seit langem für irdische Teleskope angewendet wird: Ein relativ großes Bildfeld hat scharfe Sternbilder. Der Nachteil dieser Geräte ist, daß Haupt- wie Sekundärspiegel die Form von Hyperboliden haben, die nur schwer zu schleifen sind. Der Hauptspiegel, eine Leichtgewicht-Wabenkonstruktion aus einem Titan-Silikat-Glas, hat einen Durchmesser von 2.4 m und eine Brennweite von 57.6 m. Die Gesamtmasse beträgt etwa eine Tonne. Der Sekundärspiegel hat 0.34 m Durchmesser. Er reflektiert das Licht durch ein Loch im Hauptspiegel in eine «Brennebene», in der sich eine Reihe von Instrumenten und Sternsensoren zur genauen Positionskontrolle des Teleskops befinden. Da das Teleskop nicht durch die wabernde irdische Atmosphäre schaute, waren besondere Anforderungen an die Genauigkeit der Spiegeloberflächen zu stellen, um nahe an das theoretische Auflösungsvermögen eines solchen Teleskops zu gelangen. Es wurde eine Genauigkeit von 1/20 Wellenlänge (λ) für das gesamte optische System angestrebt, was durch eine Genauigkeit von 1/50 für den Hauptspiegel und 1/110 für den Sekundärspiegel zu erreichen sein sollte. Die Bearbeitung erfolgte mit einer computergesteuerten Poliermaschine. Nach jeweils einer Woche Bearbeitung wurde die Spiegeloberfläche mit einem Laserinterferometer analysiert. Nach fünfundzwanzig Schritten war eine Genauigkeit von 1/90 erreicht. Schließlich wurden die Spiegel mit Aluminium bedampft und damit reflektierend gemacht. Anschließend wurde noch eine Schutzschicht aus Magnesiumfluorid aufgedampft. Diese hohe Präzision der Spiegeloberflächen war neu – aber in allen Tests erreicht und sogar übertroffen worden.

Die mechanische Teleskopkonstruktion ist um einen Ring aus Titan angeordnet. Auf der einen Seite befindet sich die eigentliche gitterförmige Rohrmontierung, die den Haupt- und Sekundärspiegel miteinander verbindet und aus kohlefaserverstärktem Kunststoff besteht. Auf der Rückseite ist eine Halterung zur Aufnahme der wissenschaftlichen Instrumente angebracht. Dahinter liegen die Geräte für Datenspeicherung, -aufbereitung und -übertragung.

schließlich am Morgen des 17. Juni, und sie zeigten die erwarteten Sterne – aber wieder in derselben, nun schon bekannten falschen Art und Weise, mit einem hellen Zentrum und einem ausgedehnten Licht-«Halo» samt den unangenehm haarigen Fingern! Spätestens jetzt war klar, daß der Fehler nicht in der Wiffpick gelegen haben konnte. Nicht einzelne Kameras – die gesamte Optik Hubbles mußte defekt sein! Mit anderen Worten, das Teleskop, die optische Grundlage für alle anderen Instrumente, mußte den Fehler enthalten.

Der Skandal um den defekten Spiegel

Nach den Erkenntnissen, die sich aus dem «First Light» der zweiten Kamera ergaben, war der Skandal perfekt. Offensichtlich wich einer von Hubbles Spiegeln, wahrscheinlich der Hauptspiegel, erheblich von der korrekten Form ab. Allem Anschein nach war er 2 Mikrometer zu flach geraten, nur ein paar Prozent der Dicke eines Haares, aber in optischen Maßstäben vernichtend. Sphärische Aberration lautete die Diagnose. Dieser Optikfehler ist leicht erklärt: Ein ideales Teleskop vereinigt parallele Lichtstrahlen, wie sie von einem Punkt aus den Tiefen des Weltraums kommen, in einem Punkt in der Brennebene. Tritt die Aberration auf, dann existiert keine eindeutige Brennebene mehr: Zwar landen dort noch einige Prozent des Lichts, aber der Großteil endet davor oder dahinter – das Resultat war der ausgedehnte Lichthalo, der jedes Sternbild von Hubble umgab. Nun gab die NASA ihre Zurückhaltung auf. Es führte kein Weg mehr daran vorbei, das Debakel mußte der Welt mitgeteilt werden.

Am 26. Juni lud die NASA zu einer Sonderpressekonferenz für den folgenden Nachmittag ein; in der Einladung war davon die Rede, daß man den Sekundärspiegel an alle möglichen Positionen geschoben habe, doch «die erwartete Bildqualität wurde nicht erreicht», «Computermodelle der Bilder deuten auf sphärische Aberration als Ursache hin». Natürlich wurde auf dieser Pressekonferenz auch nach den Ursachen des Optikfehlers gefragt, und ohne nähere Untersuchung wurde schon damals richtig vermutet, daß in den komplizierten Tests der Spiegel die Ursache dafür zu suchen ist, daß der Optikfehler nicht bemerkt worden ist. Die Erprobung beider Spiegel zusammen an künstlichen Sternen hätte Hunderte von Millionen Dollar extra gekostet, verteidigten sich die Manager des Projekts. Zudem hätte die Gefahr einer Verunreinigung der optischen Flächen bestanden – ganz zu schweigen von den technischen Schwierigkeiten, ein so großes Gerät, das unter Schwerelosigkeit arbeiten soll, auf dem Erdboden zu testen. Also verließ man sich auf Einzeltests von Haupt- und Sekundärspiegel – ein schwerer Fehler, wie man nun kleinlaut einräumen mußte.

Diese fatale Pressekonferenz fiel mitten in eine düstere Bestandsaufnahme durch die verschiedenen Wissenschaftlergruppen und sollte das Bild des Hubble-Teleskops in der Öffentlichkeit, aber auch das der NASA auf Jahre hinaus prägen. Man hat ihr oft vorgeworfen, den Wert des Milliarden-Dollar-Instruments noch mehr geschmälert zu haben, als es die sphärische Aberration allein tat, aber das stimmt nicht: Die schon damals vorhandene Erkenntnis, daß viele der wissenschaftlichen Programme gerettet werden konnten, kam nur deswegen in den Medien nicht an, weil es keine Beweise in Form von spektakulären Bildern vorzulegen gab.

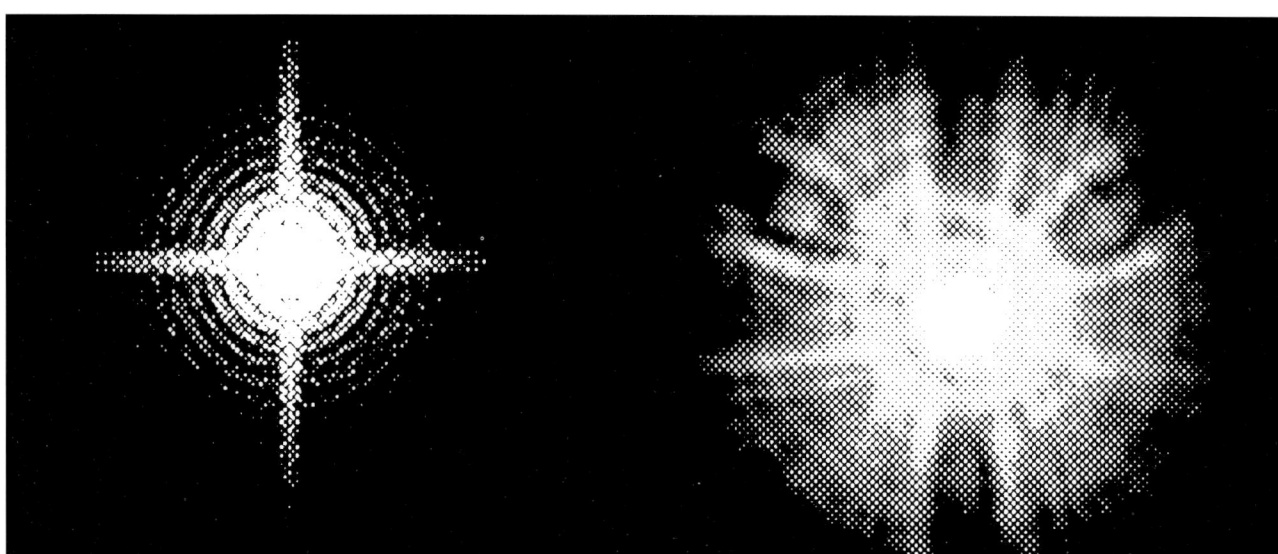

Wunsch und Wirklichkeit von Hubbles Bildern 1990: So wie links von einem Computer berechnet, sollte das typische Bild eines hellen Sternes aussehen, aber so wie rechts abgebildet sah es tatsächlich aus – eine «zerquetschte Spinne», wie diese Bilder bald genannt wurden. Optikexperten konnten aus solchen Bildern sofort schließen, daß ein gravierendes Problem vorliegen mußte (Quelle: Allen Report und STScI).

Die wichtigste Folge von Hubbles Sehfehler war, daß das Weltraumteleskop nicht den Großteil des Sternlichts in einem kleinen Punkt vereinigen konnte. Konkret: 70 Prozent der Gesamtenergie eines Sternabbildes sollte in einem Radius von 1/10 Bogensekunde konzentriert sein. Und nun waren es nur 10 bis 20 Prozent. Das wäre ja noch tolerierbar gewesen, wenn sich die restlichen 80 Prozent nicht auf die umgebende Bogensekunde und mehr verteilt hätten – auf den ersten Blick konnte der Eindruck entstehen, daß Hubble nicht schärfer sehen konnte als ein beliebiges (und um Größenordnungen billigeres) Teleskop auf der Erde! Hätte es bei dieser schicksalhaften Pressekonferenz schon eine Aufnahme Hubbles von beispielsweise einem dichten Sternhaufen gegeben, dann wäre klargeworden, daß Hubble sehr wohl an die vorgesehene *Bildschärfe* herankommen und auch Sterne getrennt abbilden konnte, die nur 1/10 Bogensekunde und weniger voneinander entfernt standen. Die Aberration bewirkte in erster Linie einen Verlust an *Empfindlichkeit*, weil ja nur etwa 15 Prozent des Lichts in den scharfen inneren Kreis gebündelt wurden, und einen Verlust an Kontrast: Hubble war weder blind noch kurzsichtig, wie später oft geschrieben werden sollte, sondern sah

das Universum wie durch eine stark beschlagene Brille. Es gab bereits Überlegungen im Space Telescope Institute, den Schleier zwischen den Sternpunkten im Computer teilweise «wegzurechnen», die aber mangels geeigneter Aufnahmen noch nicht an der Realität erprobt werden konnten und von vielen traditionellen Astronomen mit großem Mißtrauen beäugt wurden.

Konnte Hubble also für die Wissenschaft noch von Nutzen sein, oder mußte das gesamte Projekt abgeschrieben werden? Viele blieben dabei: Der Nutzen würde den Schaden überwiegen. Vergleichsweise wenig betroffen sei ja die Fähigkeit des Teleskops zur Spektroskopie (der Aufspaltung von Licht in seine einzelnen Farben, wozu zwei seiner fünf Instrumente dienten) und Photometrie (der Messung von Sternhelligkeiten) und überhaupt nicht die Sicht bis weit ins Ultraviolette hinein – man müsse eben nur viel länger belichten. Die Tendenz unter den Wissenschaftlern war eindeutig: Die meisten abbildenden Programme sollten aufgeschoben, der Schwerpunkt der gesamten Arbeit auf Spektroskopie und UV-Beobachtungen verlagert werden. Zudem war bereits jetzt abzusehen, daß die sphärische Aberration so genau beschrieben werden

Bei der Aufdeckung der sphärischen Aberration waren Aufnahmen wie diese hilfreich, für die das Teleskop gezielt defokussiert wurde. Das Muster der «zerquetschten Spinne» veränderte sich in charakteristischer Weise (Quelle: STScI).

könne, daß die wissenschaftlichen Instrumente sie gezielt ausgleichen könnten, die bei den ohnehin vorbereiteten Besuchen des Weltraumteleskops durch Space Shuttles eingebaut werden sollten. Diese regelmäßigen Visiten, bei denen auch Verschleißteile des Satelliten ausgetauscht werden sollten, wurden nun zum großen Hoffnungsträger des Projekts. Die Mission sollte einfach umstrukturiert werden, und wenn in zwei bis drei Jahren eine neue Wiffpick-Kamera mit eingebauter Nachschärfung installiert sei, dann werde alles nachgeholt, was jetzt nicht möglich sei. Ein schwacher Trost…

Ein weiteres Mal hatte eine scheinbare Trivialität wie ein defekter Teleskopspiegel ein Milliardenprojekt zum Scheitern und die NASA an den Rand des Abgrunds gebracht: Allzu deutlich waren die Parallelen zum tragischen Verlust der Raumfähre Challenger vier Jahre zuvor, für die rein technisch gesehen die Sprödigkeit eines kalten Gummidichtungsrings verantwortlich war. Die tiefere Ursache waren freilich Fehler des Managements und Fehlentwicklungen innerhalb der NASA insgesamt gewesen. Das Programm des Weltraumteleskops, das die Krone der amerikanischen Weltraumforschung hätte werden sollen, stand nun im Kreuzfeuer der Kritik. Wie war es zu diesen Fehlentwicklungen gekommen?

Kaum jemand kannte das Hubble-Projekt seit der Planungsphase so intensiv wie Riccardo Giacconi, von der Gründung 1981 bis 1993 Direktor des Space Telescope Science Institute. Für ihn war schon das grundlegende Konzept fragwürdig, den Satelliten in einer, wenn auch für den Shuttle erreichbaren, sehr niedrigen Umlaufbahn zu stationieren: Auf einer höheren hätte er bequem und effektiver

betrieben werden können. Ein zweiter Kritikpunkt war die geringe «lokale Intelligenz» des Satelliten, dem jedes Detail der Operation vom Boden hochgefunkt werden muß. Ursache all dieser Mängel: Die Astronomen sind nie gefragt worden, denn die NASA sah das Weltraumteleskop von Anfang an als ihr Projekt. Sie wollte bei allen ihren Programmen die Kontrolle behalten – und deswegen war sie auch nicht damit einverstanden, das Management des Weltraumteleskops komplett an ein externes wissenschaftliches Institut abzutreten, wie es die Nationale Wissenschaftsakademie der USA gefordert hatte.

Nur der «intellektuelle» Teil des Projekts, die Planung des Forschungsprogramms, wurde schließlich den Astronomen überlassen, die sich an der Johns Hopkins University in Baltimore im US-Bundesstaat Maryland ansiedelten: nahe genug am für die Teleskopsteuerung zuständigen Goddard Space Flight Center der NASA in Greenbelt, um sich direkt in den Datenstrom vom Teleskop einklinken zu können, aber doch dem direkten Zugriff der Weltraumbehörde entzogen. Beim Bau des Satelliten selbst wurde den Wissenschaftlern keine Kompetenz zugebilligt, ja nicht einmal bei der Entwicklung ihrer eigenen Rechnersoftware, die an einen Industriekontraktor vergeben wurde. «Es gab keinen führenden Kopf dahinter, niemand war wirklich verantwortlich», meint Riccardo Giacconi. Die Industrie hatte sich die Steuerung des Teleskops so vorgestellt, daß 36 (!) Leute ununterbrochen die Kommandosequenzen entwerfen sollten – erst die Astronomen kamen auf die Idee, statt dessen künstliche Intelligenz einzuführen, so daß die Steuerkommandos auf einer höheren Ebene formuliert werden und die Computer die Feinheiten der Befehlsfolge selbst festlegen konnten.

Riccardo Giacconi, erster Direktor des Space Telescope Science Institutes. Er ist einer der Pioniere der Röntgenastronomie und war an der Entdeckung der ersten Röntgenquelle außerhalb unseres Sonnensystems beteiligt (Quelle: ST-ECF).

Die Steuersoftware auf Vordermann zu bringen, die die Industrie um 1985 abgeliefert hatte, dauerte denn auch mehrere Jahre. Vor allem das Problem der extrem genauen Ausrichtung Hubbles im Raum hatte das Projektmanagement vollkommen unterschätzt. Um den Satelliten während der Belichtung stabil zu halten, genügten die Kreiselsysteme allein nicht: Mehrere Sterne am Rand des Gesichtsfelds mußten von den Fine Guidance Sensors erfaßt und «festgehalten» werden. Die Positionen dieser Sterne mußten aber vor Beginn der Beobachtungen bekannt sein, und Sternkataloge existierten damals nur für ein paar 100'000 der hellsten. Die NASA hatte sich gedacht, es würde genügen, am Tag der Beobachtung eine Photoplatte des entsprechenden Himmelsausschnitts aus dem Archiv zu holen und mal eben einige Sternpositionen rund um das Zielobjekt auf 1/4 Bogensekunde genau zu vermessen! Also wurde beschlossen, einen «Guide Star Catalog», einen gigantischen Katalog der Positionen von über 15 Millionen Sternen anzulegen – eine der ersten großen Leistungen der Wissenschaftler in Baltimore.

Je mehr man in Baltimore mit den Feinheiten des Betriebs von Hubble und dem Umgang mit seinen Daten vertraut wurde, desto größer wurden die Sorgen vor dem Start: Könnten irgendwo im System Fehler versteckt sein, von denen wir nichts wissen? Diese Fragen wurden eher zufällig gestellt – aber heute weiß man: Hätte die Zeit gereicht, um einmal der Frage nachzugehen, ob das Spiegelsystem überhaupt ein richtiges Bild liefern würde, dann wäre Erstaunliches entdeckt worden. Der Ingenieur, der das entsprechende Dokument unterzeichnen sollte, hatte genau das nicht getan, weil er sich nicht ganz sicher war. Die Zeit war reif für eine systematische Untersuchung der Affäre. Noch am Tage der be-

drückenden Pressekonferenz (vom 26. Juni 1990) wurde eine Untersuchungskommission unter Leitung des damaligen Direktors des Jet Propulsion Lab, Lew Allen, eingesetzt, die binnen weniger Monate einen Bericht in klaren Worten und mit eindeutigen Schlüssen vorlegte.

«In den Jahren 1981–82 plagten das Projekt viele Probleme», heißt es dort: «Die geschätzten Kosten des Perkin-Elmer-Vertrages waren um ein Mehrfaches gestiegen, der Zeitplan ins Rutschen gekommen... Die Komplexität des Sauberhaltens der Spiegel wurde gerade erst erkannt. Dem Programm drohte der Abbruch, die Fähigkeiten des Managements wurden angezweifelt. All diese Faktoren scheinen zu einer Situation beigetragen zu haben, in der sich die NASA und das Perkin-Elmer-Management von einer Überwachung der Spiegelfertigung ablenken ließen.»

Die Tatsache, daß beide Spiegel bei einem Ritchey-Chrétien-Teleskop hyperbolisch und nicht kugelförmig sind, erschwert das Testen der Einzelstücke – die Lösung liegt in sogenannten Nullkorrektoren. Dabei werden mit einem komplizierten optischen Aufbau Lichtwellenfronten in einer Weise erzeugt, daß der zu testende Spiegel dem Optiker wie ein simpler Kugelspiegel erscheint. Ein bewährtes Verfahren, doch der für diese Zwecke übliche «refraktive Nullkorrektor» erschien den Spezialisten von Perkin-Elmer für die Qualitätsansprüche des Hubble-Projekts zu ungenau. Also wurde ein neuartiger «reflektiver Nullkorrektor» gebaut. Perkin-Elmer plante, den reflektiven Nullkorrektor mit großer Sorgfalt zu testen – unabhängige Tests des Spiegels plante man dagegen nicht. Die Idee des neuartigen Nullkorrektors war einer der Gründe dafür gewesen, daß Perkin-Elmer den Vertrag für die Produktion der Hubble-Spiegel überhaupt erhalten hat-

te: Im Gegensatz zum klassischen Nullkorrektor läßt sich bei
ihm nämlich der Abstand der Komponenten im Prinzip jeder-
zeit nachmessen – und zwar mittels einer Stange bekannter
und sehr konstanter Länge, im Fachjargon «Metering Rod»
genannt. Als sich die Allen-Kommission der alten Testmes-
sungen annahm, machte sie eine erstaunliche Entdeckung:
Der refraktive Test hatte eine sphärische Aberration des
Hauptspiegels angezeigt – und dieser Nullkorrektor war kurzerhand für defekt erklärt worden, denn der reflektive Test
hatte die Aberration nicht angezeigt! Als die Kommission nun
den refraktiven Nullkorrektor nachmaß, erwies er sich als
perfekt: Der reflektive mußte falsch sein.

Günstigerweise war an den Meßapparaturen seit Fertigstellung des Spiegels nichts verändert worden, und der
Rest der Aufklärung des größten Optikskandals der Astro-
nomiegeschichte war ein leichtes: Eine kleine Linse stand
gewaltige 1.3 mm zu weit von einem der beiden Spiegel
entfernt. Auch der Metering Rod war noch da, dem an einem Ende eine kleine Kappe («Field Cap») aus nichtreflek-
tierendem Material übergestülpt worden war, die eine
schmale Öffnung enthielt. So sollte Laserlicht auf das Ende
des Stabes geführt werden, mit dessen Hilfe der Abstand zu
den Spiegeln mit extremer Genauigkeit vermessen werden
konnte. Doch von der Field Cap war ein wenig Farbe abge-
splittert – und der Laserstrahl war bereits dort und nicht
erst am 1.3 mm tiefer liegenden Ende des Metering Rod
reflektiert worden! Das Meßszenario wurde nachgestellt –
und prompt trat derselbe Fehler auf. Eigentlich hätte der
reflektive Nullkorrektor mit mehreren verschiedenen Methoden vermessen und erst dann für optisch korrekt erklärt
werden müssen, aber andere Tests sind offensichtlich nie

**Der Kern des Problems:
Hubbles perfekt falsch geschlif-
fener Hauptspiegel, hier bei
Tests beim Hersteller Perkin-
Elmer in Connecticut (Quelle:
NASA).**

durchgeführt worden – und eine formelle Korrektheitser-
klärung war auch nie abgegeben worden.

Die Schlußfolgerung der Allen-Kommission aus dieser
Untersuchung waren eindeutig: «Kompetente Personen bei
Perkin-Elmer und der NASA hätten alarmiert sein müssen.
Jeder hätte erkennen müssen, daß die Überprüfung des
Nullkorrektors entscheidend war und daß er und der Spie-
gel unabhängigen Tests unterworfen werden mußten.» Aber
«es gab eine bemerkenswerte Abwesenheit von Experten
für den Bau großer Teleskope während der Fertigung des
HST», stellt der Bericht mit Staunen fest. Ferner wurde ge-
rügt, daß sich «die technische Beratungsgruppe von Perkin-

Elmer für die Produktionsabläufe überhaupt nicht interessierte und, obwohl sie die Fehleranfälligkeit des Meßverfahrens begriffen hatte, keine Bedenken geäußert oder die Meßdaten überprüft hat». Dabei war bekannt, daß es bei anderen Ritchey-Chrétien-Teleskopen schon häufiger zu Fällen von sphärischer Aberration gekommen war. Ignoriert wurden auch die Warnungen eines beratenden Gremiums, das auf die Möglichkeit eines großen Fehlers hinwies und einfache Tests vorschlug – bereits ein Verfahren, das nur wenige tausend Dollar gekostet hätte und von einem Amateurastronomen realisiert werden kann, hätte die sphärische Aberration aufgedeckt, wie man inzwischen weiß…

Hubbles schwierige Jahre

In diesen Tagen und Wochen war die Zukunft des ganzen Projektes höchst ungewiß. Neben der schon erwähnten Service-Mission wurden auch andere Alternativen diskutiert. Riccardo Giacconi argumentierte gegen den Reparaturflug und für den Bau eines zweiten Satelliten. «Wir nehmen den zweiten Spiegel, der immer noch bei Kodak liegt, machen daraus einen neuen Satelliten, gehen zu den Russen, chartern eine Energia-Rakete und starten ihn auf eine geostationäre Bahn.»

Nach Giacconis Schätzung wären die Kosten für das zweite Hubble-Teleskop auch nicht größer gewesen als die der Reparaturmission. «Die Russen waren dafür», erinnert sich Giacconi, «aber die Amerikaner nicht: Der Shuttle *mußte* benutzt und das Konzept der Wartung im Orbit demonstriert werden, um zu beweisen, daß die Raumstation möglich ist.» So wurde es dann auch gemacht, und bei der Vor-

bereitung und Durchführung der Reparaturmission Ende 1993 arbeiteten die verschiedenen Institutionen der NASA und das unabhängige Space Telescope Science Institute zum ersten Mal vorbildlich zusammen. Um den optischen Fehler auszugleichen, wurden die verschiedensten Möglichkeiten diskutiert: eine brutale Verbiegung des Hauptspiegels, das Aufbringen eines neuen Belags, die Montage riesiger Korrekturlinsen oder -spiegel und anderes. Schließlich einigte man sich auf ein Konzept namens COSTAR.

Am 26. Oktober 1990 wurde das COSTAR-Konzept vorgestellt. Es klang so überzeugend, daß die NASA ihre eigene Strategie radikal änderte und noch im Dezember 1990 den Auftrag erteilte, das Gerät zu bauen: Hatte noch ein halbes Jahr zuvor das Damoklesschwert eines Abbruchs des ganzen Projekts über Hubble geschwebt, so schien die fast komplette Wiederherstellung seiner Fähigkeiten binnen drei Jahren nun zum Greifen nahe.

Doch wir wollen über die Diskussion um Fehler und Reparatur des Teleskops nicht vergessen, daß es in all der Zeit auch wissenschaftliche Daten und Ergebnisse lieferte. Die Achterbahnfahrt der Stimmung hatte in der zweiten Jahreshälfte 1990 eine neue Richtung genommen: Nach den oft überzogenen Erwartungen, die vor dem Start geweckt worden waren, und dem totalen Desaster begann sich nun das Blatt erneut zu wenden. Inzwischen war auch begonnen worden, die beiden Spektrographen zu aktivieren. Ihre Aufgabe war es, das Licht von Sternen oder anderen Objekten in die Regenbogenfarben aufzuspalten, was eine Menge über physikalische Eigenschaften und chemische Zusammensetzung des Lichts verraten kann. Ähnlichen Instrumenten an irdischen Teleskopen hatten sie zwei-

COSTAR – Hubbles «Brille»

Die Korrektur von Hubbles Sehschwäche sollten neu einzubringende Spiegel besorgen, und zwar zwei pro Eintrittsöffnung. Der erste war eine simple Sphäre, die das mißratene Bild auf einen zweiten fokussierte. An dem lag es dann, kraft seiner nichtsphärischen Form alle Aberration auszugleichen, so daß in die Eintrittsöffnung schließlich perfekt gebündeltes Sternenlicht eintrat. Entscheidend war, daß die winzigen asphärischen Spiegel auch wirklich hergestellt werden konnten. Bei den künftigen Instrumenten, inklusive der Ersatzkamera (Wide Field and Planetary Camera, Nr. 2), die schon 1993 fertig sein sollte, war das Einfügen der «umgekehrten Aberration» kein Problem – aber wie sollte das bei den anderen Instrumenten geschehen? Die Antwort lag in einem Stück Ballast: Dieses «Space Telescope Axial Replacement» (STAR) war im wesentlichen eine hohle Kiste, und in die konnte ein komplizierter Mechanismus eingebaut werden, der die Korrekturspiegel für die FOC und die beiden Spektrographen in deren Strahlengänge schieben würde.

Das gesamte System STAR besteht aus 5300 Einzelteilen. Auf der ausfahrbahren Schiene sitzen zehn Spiegel von der Größe einer Münze, sieben davon auf filigranen Armen aus Beryllium. Dazu kommen zwölf Motoren, um die Arme auszufahren und die Lage der Spiegel korrigieren zu können, sowie unzählige Sensoren, um ihre Stellung und Temperatur (auf 1° genau) kontrollieren zu können. Eine der gern erzählten Geschichten aus der Entwicklung dieses Corrective Optics STAR oder COSTAR ist, wie diese Mechanik «entdeckt» wurde – unter einer bayerischen Dusche nämlich. Im Gegensatz zu amerikanischen Duschen mit fest montiertem Kopf sind deutsche nämlich verschiebbar, und genau so wurde auch COSTAR entworfen. Die Beweglichkeit aller Komponenten war entscheidend: Zum einen mußte das gesamte Spiegelsystem per Telekommando wieder aus dem Strahlengang entfernt werden können, falls es nicht funktionieren sollte – und jeder einzelne Spiegel mußte frei beweglich sein, um die Korrektur zu optimieren (das galt auch für die entsprechenden Elemente der Wiffpick-2). Für COSTAR mußte dasjenige Instrument, das am wenigsten benutzt worden war, den Platz räumen: das Hochgeschwindigkeits-Photometer

erlei voraus: Zum einen reichte ihre Empfindlichkeit bis weit ins Ultraviolette, und zum anderen sollten sie dank Hubbles hoher Sehschärfe und winzigen Blenden in der Lage sein, Spektren von engbegrenzten Arealen etwa einer Galaxie oder eines Nebels aufzunehmen. Es war bei einem der ersten Versuche mit dem Spektrographen, als Hubble per Zufall das erste «richtige» Himmelsphoto gelang.

Das Motiv war ein Objekt mit dem prosaischen Namen R 136a in einer kleinen Nachbargalaxie der Milchstraße, der Großen Magellanschen Wolke am südlichen Sternhimmel.

Das Bild, das vielleicht das ganze Projekt rettete: Der extrem kompakte Sternhaufen R 136a in der Großen Magellanschen Wolke, aufgelöst in Hunderte von einzelnen Sternen (Quelle: NASA).

Der leuchtende Gasring um die Supernova 1987A, ebenfalls in der Großen Magellanschen Wolke gelegen und damals 3 1/2 Jahre alt. Erst Hubbles Aufnahme zeigte, wie dünn er war – bis heute ist die Entstehung rätselhaft (Quelle: NASA und ESA).

Früher hatte man hier einen außerordentlich massereichen einzelnen Stern vermutet, aber in den achtziger Jahren war mit modernen Methoden der Schärfung erdgebundener Aufnahmen nachgewiesen worden, daß es in Wirklichkeit ein extrem kompakter Haufen aus vielen jungen Sternen war. Hubble hatte so nebenbei ein Bild davon gemacht – und alle Sterne waren getrennt und perfekt zu erkennen! Und dies ohne jede Bildverarbeitung. Nach Wochen des Frusts lieferte Hubble endlich wieder ein Erfolgserlebnis, bewies es, daß es trotz des optischen Fehlers von Nutzen sein konnte.

Fast im Wochenrhythmus kamen nun neue Bilder an die Öffentlichkeit, die viel dazu beitrugen, das ramponierte Ansehen des Projektes wiederherzustellen: Da war die große Supernova des Jahres 1987 oder die Kernregion der Galaxie NGC 7454, wo die Packungsdichte der Sterne alle Voraussagen übertraf. Dann kam das «Einsteinkreuz», eine spektakuläre Gravitationslinse (vgl. Abb. S. 84): Eine Galaxie stand fast genau vor einem viel weiter entfernten Quasar und spaltete ihn mit ihrer Schwerkraft in vier Bilder, ferner die erste Aufnahme, die den fernen Planeten Pluto und seinen Mond Charon klar als zwei getrennte Körper zeigte, was von der Erde aus noch nie gelungen war. Besonderen Eindruck machte auch eine Farbaufnahme des Planeten Saturn mit seinem majestätischen Ring, die schon fast an Bilder der Voyager-Raumsonden heranreichte: Es war also auch möglich, Hubble-Bilder flächenhafter Objekte «scharfzurechnen» und nicht nur Ansammlungen punktförmiger Sterne. Als Ende September ein gewaltiger Sturm auf Saturn ausbrach und einen riesigen weißen Fleck auf seiner Wolkendecke produzierte, gelangen Hubble erheblich schärfere Aufnahmen als jedem Teleskop auf der Erde.

Mitte November, sieben statt drei Monate nach dem Start, war die «Orbitalverifikation» Hubbles tatsächlich abgeschlossen, und die «Wissenschaftsverifikation» begann: Immer mehr Zeit sollte nun der Beherrschung der Instrumente gewidmet werden. Die wirklich wissenschaftliche Betätigung sollte verstärkt werden, und im Dezember 1991 sollte Hubble endlich komplett durchgetestet sein. Anfang 1991 wurden auch die ersten wissenschaftlichen Forschungsarbeiten mit Hubble-Daten vorgestellt.

Schlagzeilen machte erneut die Supernova 1987A in der Großen Magellanschen Wolke, die für Hubble bereits etwas größer als ein Stern erschien: Nach der Sternexplosion sind die Gase mit 6 000 km/s expandiert. Aus der Winkelgröße des spektakulären Gasringes, seiner Neigung im Raum und Beobachtungen des Helligkeitsverlaufs der Explosion ließ sich die Entfernung von der Erde ziemlich präzise auf 165'000 Lichtjahre berechnen. Aber auch von den Spektrographen kamen bedeutende Entdeckungen: Sie wiesen die Existenz von Wasserstoffwolken zwischen den Galaxien auch in der Umgebung unserer eigenen (und damit kosmologisch gesehen der Gegenwart) nach. Bis zu Hubbles Beobachtungen kannte man die Wasserstofflinien nur in großen Entfernungen (also der Jugend des Universums) – erst das Weltraumteleskop fand sie auch in der Gegenwart wieder.

Ebenfalls von Hubble stammten extrem genaue Spektren der Gasscheibe um den berühmten Stern Beta Pictoris, in der sich möglicherweise gerade Planeten bilden. Charakteristische Veränderungen in den Spektren zeigten, daß pro Jahr 100 bis 150 individuelle kleine Objekte aus der Scheibe in den Stern selbst stürzen, die von komplizierten

Der Planet Saturn in einer Brillanz, wie er seit den Raumsondenbesuchen nicht mehr gesehen worden war. Daß sich solche Bilder mit vergleichsweise wenig Rechenaufwand «herstellen» ließen, öffnete dem leidgeprüften Satelliten viele schon verloren geglaubte Forschungsfelder (Quelle: NASA).

Prozessen aus der Scheibe herausgeschält werden. Der Spektrograph fand ferner im Spektrum des hellen Sterns Capella im Sternbild Fuhrmann Absorption von sowohl normalem wie schwerem Wasserstoff (Deuterium), womit sich das Verhältnis der beiden leichtesten Gase auf 10 Prozent genau (zu 60'000 : 1) angeben ließ. Darin steckt möglicherweise eine Aussage von kosmologischer Tragweite, denn nach den meisten Weltmodellen müßte im Urknall im Verhältnis zum Wasserstoff deutlich mehr Deuterium entstanden sein, um das Universum zu «schließen». Hatte Hubble mithin bewiesen, daß es immer weiter expandieren wird? So eindeutig waren die Ergebnisse wieder nicht!

Die Service-Mission

Während Hubble in scheinbar regelloser Folge immer neue Beobachtungen zwischen dem Sonnensystem und den fernsten Objekten des Universums durchführte (in Wirklichkeit folgte das Teleskop natürlich einem ausgeklügelten Plan, um die Zeit so effizient wie möglich auszunutzen), wurde an vielen Orten gleichzeitig der erste Besuch vorbereitet. Begriffe wie «Reparatur-» oder «Rettungsmission» waren verpönt: Die NASA sprach lieber von einer «Wartung», der Servicing Mission 1 (SM-1). Schließlich waren diese Flüge einst als Routine geplant. Bestimmte Komponenten des Satelliten waren sogar bewußt für eine Lebensdauer von nur einigen Jahren ausgelegt: Das sparte Kosten, und die Shuttle-Flüge waren ja auf alle Fälle notwendig. Rund 200 Werkzeuge und Hilfsmittel wurden vorbereitet, damit die Astronauten auch auf unvorhergesehene Proble-

me reagieren konnten. Hunderte von Stunden wurden alle Handgriffe und Alternativen an Modellen in einem riesigen Wassertank geübt. Bestimmte Operationen waren bei einer Reihe vorangegangener Space Shuttle-Flüge sogar unter echten Weltraumbedingungen ausprobiert worden. Die Zahl der Ausstiege in den freien Weltraum während der Mission war bis 1993 von ursprünglich drei auf fünf erhöht worden; zwei Paare von Astronauten sollten abwechselnd Hand an das Teleskop legen. Drei Ziele verfolgte der Flug ins All: zu beweisen, daß Hubble im Orbit gewartet werden kann, seine Betriebssicherheit durch den Austausch ausgefallener oder degradierter Komponenten zu erhöhen und den Optikfehler so gut wie möglich zu beheben.

COSTAR hatte in nur 28 Monaten Form angenommen (die normale Fertigungsdauer hätte bei vier bis fünf Jahren gelegen) – aber *diesmal* wurde großer Wert auf Tests vor dem Start gelegt, und *diesmal* kamen für die einzelnen Spiegel zwei völlig verschiedene Methoden zum Einsatz, die erfreulicherweise auf 1/100 Wellenlänge genau übereinstimmten. Zusätzlich wurde das gesamte Gerät an einem Simulator überprüft, der Hubbles Optikfehler präzise nachbildete: Mindestens 60 Prozent der Strahlungsenergie eines Sterns konnte der Korrektor wieder in einen Kreis von 1/10 Bogensekunde Radius zusammenbringen. Allerdings schluckten die Spiegel zusammen etwa 30 Prozent des Lichts, und auch der Abbildungsmaßstab veränderte sich. Die zweite Wiffpick-Kamera und die Kameras und Spektrographen der dritten, vierten und fünften Generation, die 1997, 1999, 2002 und 2005 folgen sollen, würden den Optikfehler stets selbst korrigieren: Da bei der neuen Wiffpick-Kamera die Korrekturspiegel beweglich sein mußten, wur-

2. Dezember 1993, 10:27:00 Uhr MEZ (4:27 morgens Ortszeit): Mit sieben Astronauten an Bord startet die Raumfähre Endeavour zum ersten Rendezvous mit dem Weltraumteleskop (Quelle: NASA).

de aus Kostengründen die Zahl der CCD-Chips (vgl. Kasten, S. 46) von acht auf vier verringert.

In den drei Jahren Hubble-Betrieb im Orbit hatten sich viele Aufgaben für die Astronauten angesammelt, die für mindestens so wichtig wie die Optikkorrektur erachtet wurden. Mehrere Primäraufgaben wurden schließlich festgelegt: Die wichtigste war der Austausch der Solarsegel, denn ihr Gezitter störte nicht nur die Beobachtungen – es gefährdete die strukturelle Integrität des ganzen Satelliten. Die britische Firma, die im Auftrag der ESA die alten und die neuen Solarzellen lieferte, hatte den Fehler, der zu den sprunghaften Formveränderungen bei Temperaturschwankungen führte, rasch erkannt und die NASA überzeugen können, daß er nun beseitigt sei.

Als einen «Minimalerfolg» wollten NASA und ESA die Mission gelten lassen, wenn Hubble entweder die neue Wiffpick-Kamera oder COSTAR erhalten konnte, und als «vollen Erfolg», wenn alle wichtigen Aufgaben glückten – wenn nicht, sollte sechs bis zwölf Monate später eine zweite Mission folgen. Würde es die Zeit erlauben, dann stand noch eine Reihe von Sekundäraufgaben auf dem Programm, meist kleinere Elektronikarbeiten. Nur um einen Tag (wegen starken Windes) verspätet hob die Endeavour schließlich am 2. Dezember 1993 zu ihrer wichtigsten Mission ab: Es war eine «Frage von Leben oder Tod für die NASA», brachte der bekannte US-Astronom John Bahcall die allgemeinen Gefühle in diesen Tagen auf den Punkt.

Unter den sieben Astronauten der Endeavour war auch der ESA-Astronaut Claude Nicollier aus der Schweiz. Er sollte in der Weltöffentlichkeit als Held des Unternehmens gefeiert werden – denn er bediente den Robotarm des Shuttles. Fast genau 48 Stunden nach Beginn der Unternehmung war es seine Aufgabe, das Weltraumteleskop mit dem ferngesteuerten Greifarm des Shuttles einzufangen und in die Ladebucht hineinzuziehen – was ihm bravourös gelang. Am dritten Tag fand der erste Weltraum-«Spaziergang» der beiden Astronauten Story Musgrave und Jeff Hoffman statt, die zwei Kreisel auswechseln mußten. Anschließend wurde versucht, die beiden alten Sonnensegel des Weltraumteleskops zusammenzurollen, um sie zu bergen und durch die neuen zu ersetzen. Dies ging relativ problemlos bei einem der beiden, das zweite aber, das sich um bis zu 60 cm aus seiner Normallage verbogen hatte, konnte nicht zusammengefaltet werden. Tags darauf arbeiteten die Astronauten Tom Akers und Kathy Thornton außerhalb der Kabine. Das verbogene Sonnensegel wurde abgeschraubt und von Kathy als Müll in den Weltraum geworfen. Im Laufe eines Jahres würde es in der Erdatmosphäre verglühen. Das zweite, zusammengefaltete Sonnensegel wurde abgeschraubt und in der Ladebucht des Shuttle verstaut. Schließlich wurden die beiden neuen Sonnensegel montiert. Ein ganz wichtiger Tag der Mission war der fünfte. Story Musgrave und Jeff Hoffman ersetzten die alte Wide Field and Planetary Camera durch eine neue – damit war bereits der erwähnte Minimalerfolg der Mission garantiert. Am sechsten Tag wurde von Tom Akers und Kathy Thornton während ihres zweiten Weltraumausflugs COSTAR montiert und außerdem eine Speichererweiterung in den Bordcomputer eingebaut – die NASA und die Astronomen brachen weltweit in Jubel aus. Am siebten Tag waren wieder Story Musgrave und Jeff Hoffman an der Reihe, die eine Antriebselektronik der Sonnenzellen austauschten. Da die-

Jeff Hoffman «entsorgt» die alte Wide Field and Planetary Camera, nachdem die neue bereits eingebaut ist (Quelle: NASA).

ses Gerät ursprünglich nicht für einen Austausch vorgesehen war, erwies sich der Umbau als recht zeitaufwendig. Am darauffolgenden Tag wurde Hubble wieder aus der Ladebucht gehoben und im Weltraum ausgesetzt.

Alle Aufgaben hatten die Astronauten am Ende des fünften Ausstiegs erledigt! Es hatte nur kleinere Zwischenfälle gegeben – mal klemmte eine Tür am Teleskop und konnte nur mit einiger Gewalt geschlossen werden, einmal entwischte eine kleine Schraube und mußte quer durch die

Story Musgrave und Jeff Hoffman inspizieren am Ende des Robotarms Komponenten am Vorderende des Weltraumteleskops – und genießen das atemberaubende Panoroma (Quelle: NASA).

Hubble ist repariert, die neuen Solarzellen sind entfaltet. Das erneute Aussetzen steht unmittelbar bevor (Quelle: NASA).

zember 1993, landete der Space Shuttle in Cape Canaveral, um exakt 0:26 Ortszeit. Zusammen 674 Millionen Dollar hatte die Service-Mission inklusive des Shuttleflugs gekostet, rund 100 Millionen Dollar davon sind direkte Folgen des Optikfehlers. Da man Perkin-Elmer aber nie grobes Fehlverhalten nachweisen konnte und auch die NASA offensichtlich ihrer Aufsichtspflicht nicht nachgekommen war, konnte nur ein Bruchteil davon wieder eingetrieben werden.

Die notwendig gewordene Neueinstellung der vielen Spiegel funktionierte reibungslos. Schon zum Jahreswechsel 1994 sickerte durch, daß das Justieren der vielen Spiegel rasch vorangekommen war und bereits die ersten scharfen Aufnahmen vorlagen: Für den 13. Januar 1994 wurde eine große Pressekonferenz angesetzt, wieder im Goddard Space Flight Center, wo 3 1/2 Jahre zuvor das Optikproblem publik gemacht worden war. Das Podium allein verriet schon, daß es etwas zu feiern geben würde: Der NASA-Chef Dan Goldin war da und auch der Wissenschaftsberater des US-Präsidenten. Als die energische Senatorin Barbara Mikulski aufstand, ein Bildpaar unter dem Tisch hervorzog und verkündete: «Ich bin froh, daß ich heute, nach seinem Start 1990 und den früheren Enttäuschungen, sagen kann: *Der Trouble mit Hubble ist vorbei!*», waren historische Worte gesprochen. Auf dem Bild waren Einzelsterne in starker Vergrößerung zu sehen, einmal vor und einmal nach der Montage von COSTAR: Der Lichthalo des Schreckens mit seinen Kreisen und Fühlern war verschwunden! Noch beeindruckender wirkte Mikulskis zweites Bild, ein Teil der Spiralgalaxie M 100, von dem ein gestochen scharfes Farbbild aufgenommen worden war. Der Vergleich mit einem Bild derselben Galaxie, aufgenommen kurz vor der Service-Mis-

Ladebucht gejagt werden, und erst während der Ausstiege entdeckte Schäden an der Isolation der Magnetometer wurden kurzerhand mit etwas Goldfolie von der alten WF/PC geflickt. Als die Arme mit den neuen Sonnensegeln nicht gleich ausklappen wollten, half sanfter Druck mit der Hand nach. 35 1/2 Stunden hatten die Astronauten insgesamt im freien Raum zugebracht, bis sie das Teleskop am 10. Dezember wieder sich selbst überlassen konnten und triumphal zur Erde zurückkehrten. Drei Tage später, am 13. De-

Links: Hubble kurz nach dem Aussetzen nach geglückter Reparatur. Langsam entfernt sich die Endeavour...
...und dann war das Weltraumteleskop für die erschöpften Astronauten nur noch ein heller Stern zwischen der Mondsichel und dem Luftleuchten über der Erde (rechts) (Quelle für beide Abbildungen: NASA).

Ganz links eine der besten
Aufnahmen der «Grand
Design»-Spirale M 100 vom
Erdboden aus, entstanden mit
dem 4-m-Anglo Australian
Teleskop. Daneben Hubbles
Ansicht der Galaxie mit der
WFPC-2, also nach der
Reparatur. Das dritte Bild zeigt
diesen Ausschnitt in Vergröße-
rung – und im Vergleich dazu
eine eigens für diese Demon-
stration angefertigte Aufnahme
desselben Feldes mit der alten
WFPC-1, kurz vor ihrem
Ausbau (Quellen: ASP, J.
Trauger/JPL und NASA).

WFPC2

WF/PC

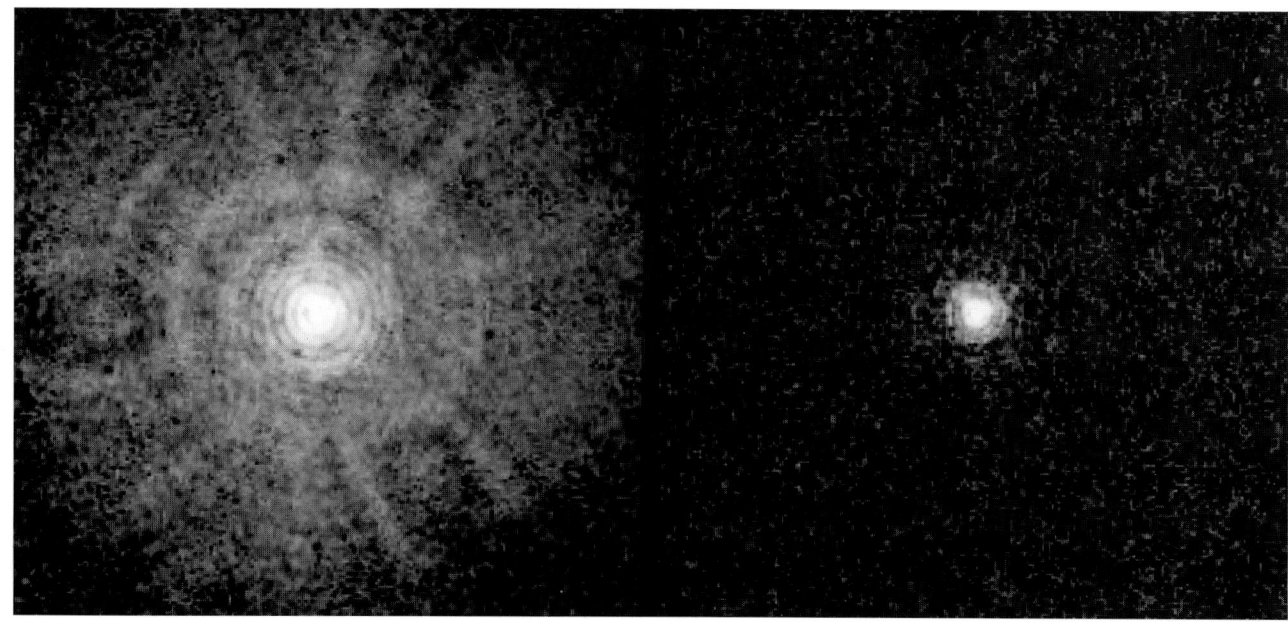

sion, zeigte den durchschlagenden Erfolg des Raumfluges. «Ich glaube, daß diese Bilder ein greifbarer Beweis dafür sind, daß nicht nur Hubble repariert ist», schloß Mikulski, «sondern daß die NASA auf dem Weg ist, jene Kultur zu reparieren, die diese Probleme geschaffen hat». Auf den Seiten 58–59 finden wir den erwähnten Vergleich mit den Motiven aus der Spiralgalxie M 100. Zusätzlich ist eine der besten Aufnahmen dieser Grand-Design-Galaxie vom Erdboden aus einmontiert. Diese Demonstation beweist eindrücklich den Wert des reparierten Weltraumteleskops

und ist ein überzeugender Beweis für den Nutzen von optischen Teleskopen im Weltraum.

Hubble war mit einem blauen Auge davongekommen und konnte nun all die Aufgaben angehen, die ihm bisher vorenthalten waren, vor allem die Erkundung der größten Tiefen des Alls. Folgen wir ihm bei einer Reise von den fernsten Objekten des Universums über benachbarte Galaxien, Sterne und Nebel in unserer eigenen Milchstraße zu den Planeten unseres Sonnensystems.

Teil 2

Das neue Fenster zum All: Hubble und die Astronomie

Die großen Fragen: Wie groß und wie alt ist das Universum?

Unser Universum ist mit Sternen erfüllt, die wie unsere Sonne ein Planetensystem haben können – oder nicht. Und manche dieser Planeten mögen auch Leben tragen – oder nicht.

Größere Ansammlungen von Sternen nennt man Galaxien, und die Galaxie, in der die Sonne ihre Bahn zieht, wird, da sie am Nachthimmel als leuchtendes Band zu sehen ist, die Milchstraße genannt. Galaxien kann man je nach ihrem Erscheinungsbild in unterschiedliche Typen einteilen: Spiralen, Balkenspiralen und elliptische Galaxien. Doch diese Klassifikation stellt für den Astronomen nur den ersten Schritt zu ihrem tieferen Verständnis dar: Er ist nicht mit einem Schmetterlingssammler zu vergleichen, der sich an den mannigfaltigen Erscheinungsformen seiner Studienobjekte erfreut, er will mehr über ihren Aufbau und ihre Entwicklung herausfinden. Galaxien entpuppen sich, je länger wir sie studieren, als geheimnisvolle Objekte, die uns noch viele Rätsel aufgeben, die uns andererseits aber auch einen Schlüssel zum Verständnis des Universums liefern. Eine der großen ungelösten Fragen der Astronomie ist die nach dem Alter des Universums. Der Astronom Hubble war derjenige, der uns zum ersten Mal diese Frage stellen lehrte, und das Weltraumteleskop Hubble könnte das Werkzeug sein, mit dessen Hilfe wir diese Frage definitiv werden beantworten können.

Edwin Hubble gehörte mit seinen Arbeiten zu den ersten, die uns die wirkliche Größe des Universums vor Augen führten. Seine Entdeckung von pulsierenden Sternen im Andromedanebel bot 1923 die Möglichkeit, ohne Schwierigkeiten die Entfernung einer Galaxie zu messen. Nach der Bestimmung einer größeren Zahl von Entfernungen solcher Galaxien fand Hubble 1929 einen linearen Zusammenhang zwischen der Entfernung und der Rotverschiebung in den Spektren der Galaxien – das Hubblesche Gesetz.

Rotverschiebung bedeutet, daß Licht mit einer längeren Wellenlänge beim Beobachter ankommt, als es abgeschickt wurde, zum Beispiel kann blaues Licht als grünes oder gar rotes gesehen werden. Es erfolgt eine Verschiebung der Spektrallinien zum langwelligen, roten Ende des Spektrums hin, wenn sich die Lichtquelle vom Beobachter entfernt – dies ist in der Physik unter dem Namen Dopplereffekt bekannt. In diesem Fall geschieht nichts anderes, als daß die Lichtwellen durch die Bewegung der Lichtquelle fort vom Beobachter in die Länge gezogen werden. Aber im Universum ist nicht dieser simple Dopplereffekt am Werk, sondern der kosmologische: Die Galaxien ruhen im Raum, aber der Raum zwischen den Galaxien, das ganze Universum, dehnt sich aus und mit ihm die Lichtwellen, die sich von einer entfernten Galaxie weg- und auf uns zubewegen. Je weiter eine solche Galaxie von uns entfernt ist, je länger ihr Licht auf dem Weg zu uns ist, desto mehr ist das hier auf der Erde empfangene Licht «rotverschoben».

Die Relation zwischen Entfernung und Rotverschiebung (die als «kosmologischer Dopplereffekt» auch durch eine Geschwindigkeit ausgedrückt werden kann) gehorcht der verblüffend einfachen Beziehung $v = H_0 d$, wobei v die Geschwindigkeit in Kilometer pro Sekunde, d die Entfernung in Megaparsec (1 Megaparsec = 3'260'000 Lichtjahre) und H_0 die Hubble-Konstante bezeichnet. Sie ist eine sehr wichtige Größe, um die Eigenschaften des Universums verstehen zu können. Während Hubble 1929 einen Wert von 530 Kilometer pro Sekunde pro Megaparsec ableitete, liegen heutige Bestimmungen zwischen 100 und 50 km/s Mpc. Nehmen wir an, daß 100 der richtige Wert sei, so besagt

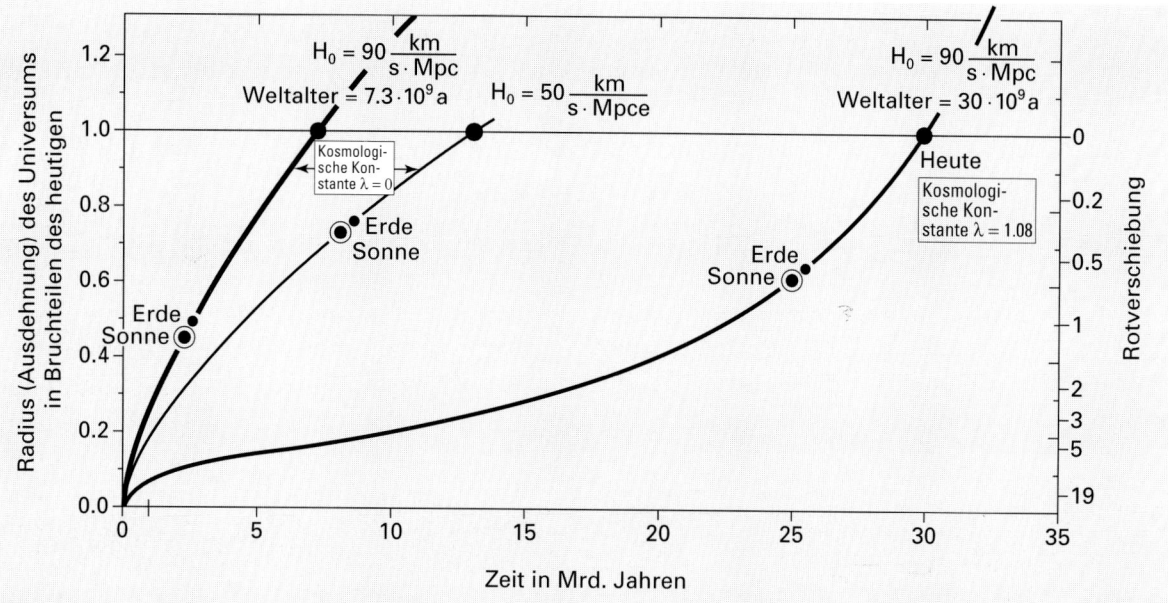

Weltmodelle

Die Vielfalt der möglichen Weltmodelle versucht diese Grafik nach Professor W. Priester in einem Bild zusammenzufassen, das als *Hilfsmittel* für den Leser dienen kann, um ein Gefühl für die Dimensionen der modernen Kosmologie zu gewinnen. Die waagerechte Achse ist die *Zeit*, die in Milliarden von Jahren vom Urknall ganz links aus zählt. In der Senkrechten ist links der *Radius des Universums* (die Ausdehnung) in Bruchteilen des heutigen Radius aufgetragen und rechts, äquivalent, die Rotverschiebung, die ein Himmelsobjekt für uns heute hat, wenn wir es wie zu einem früheren Zeitpunkt – definiert durch den *damaligen Weltradius* – sehen. Der Zusammenhang von Rotverschiebung und Weltradius steht fest, der Zusammenhang Weltradius und Zeit hingegen nicht: Je nachdem, welche Hubble-Konstante (die die Expansionsrate des Kosmos beschreibt; H_0 bezeichnet den heutigen Wert) und welcher Wert der Kosmologischen Konstante angenommen wird, verlief und verläuft die Geschichte des Weltalls ganz anders. Eingezeichnet ist auch, wann in den verschiedenen Weltmodellen Sonne und Erde entstanden.

Links: $H_0 = 90$ km/s/Mpc (wie es neue Messungen Hubbles nahelegen), Kosmologische Konstante Lambda = 0: Das gegenwärtige All ist in diesem Bild keine 8 Milliarden Jahre alt, was im krassen Widerspruch zum Alter der ältesten Sterne unserer Milchstraße steht – diese sind definitiv etwa doppelt so alt.

Mitte: $H_0 = 50$ km/s/Mpc, Kosmologische Konstante Lambda = 0: In diesem Modell ist das All zwar etwa doppelt so alt, und der Widerspruch zu den hohen Sternaltern verschwindet, aber eine so niedrige Hubble-Konstante würde bedeuten, daß Hubbles im Text beschriebene Messungen einen gravierenden Fehler beinhalten. Wegen der Einfachheit der Mathematik (Lambda = 0) hat auch dieses Weltmodell weiter Anhänger.

Rechts: $H_0 = 90$ km/s/Mpc, Lambda größer als Null: Dieses Weltmodell gewinnt allmählich an Unterstützung, auch wenn es die «Komplikation» einer Kosmologischen Konstante einführt, die nicht gleich Null ist. Nun ist das Weltalter erheblich (um 30 Milliarden Jahre) niedriger, weil die Expansion des Alls für viele Jahrmilliarden fast ruhte und erst in den letzten

Jahrmilliarden «Fahrt aufnahm» (diese Ruhephase könnte übrigens der Bildung der ersten Galaxien nützlich gewesen sein).

Noch läßt sich nicht endgültig zwischen diesen Weltmodellen unterscheiden, aber an den Kurven läßt sich zumindest ablesen, wie weit entfernt ein fernes Himmelsobjekt (Galaxie oder Quasar) einer bekannten Rotverschiebung in dem einen oder anderen Modell erscheint (und wie groß mithin die Unsicherheit ist). Man fälle ein Lot vom heutigen Punkt der

bevorzugten Kurve bis auf die Parallele zur x-Achse, die durch den beobachteten Rotverschiebungswert der rechten Skala geht, und gehe sodann nach links, bis man die Kurve wieder trifft. Die Weite des Weges nach links gibt dann die Entfernung des Objekts in (Milliarden) Lichtjahren! Es fällt auf, daß die Distanzen bis zu einer Rotverschiebung von etwa 1 für die beiden populärsten Weltmodelle kaum voneinander abweichen, für noch fernere Objekte sind die Distanzen für das zweite Modell aber erheblich höher.

die Formel, daß sich eine Galaxie in 1 Mpc Entfernung mit einer Geschwindigkeit von 100 km/s von uns entfernt, eine Galaxie in 2 Mpc Entfernung mit 200 km/s, eine in 10 Mpc Entfernung mit 1000 km/s. Man kann sich leicht klarmachen, was dies bedeutet: Der Kehrwert der Hubbleschen Konstante muß ein Maß für das Weltalter sein. Nehmen wir an, daß während der ganzen Lebenszeit des Universums ein Film gedreht worden wäre. Würden wir diesen Film rückwärts laufen lassen, so würden all diese Galaxien mit ihren heutigen Geschwindigkeiten nicht von uns weg, sondern auf uns zulaufen. Es käme nach einer bestimmten Zeit zu einer Kollision, und diese Kollision im rückwärtslaufenden Film wäre nichts anderes als der Urknall – die Geburt des Universums aus einer heißen, dichten Phase. In dieser Schlußfolgerung liegt die große Bedeutung der Rotverschiebung in den Spektren der Galaxien für die Kosmologie: Die Fluchtbewegung der Galaxien kann auf einen gemeinsamen Beginn dieser Bewegung, den Urknall, zurückgeführt werden – den Beginn des heute allgemein akzeptierten Standardmodells der Entstehung und Entwicklung des Universums.

Neben der Hubble-Konstante gibt es jedoch noch weitere Größen, die die Struktur des Universums beschreiben, den Beschleunigungsparameter, den Dichteparameter, den Druck, die Größe Lambda (oder die Kosmologische Konstante) sowie die Krümmung des Raumes, die in bestimmter Weise miteinander zusammenhängen. Der Beschleunigungsparameter gibt an, ob und wie stark sich die Expansion des Universums vom Urknall an im Laufe der Zeit verlangsamt, der Dichteparameter zeigt an, ob die Dichte des Universums so hoch ist, daß die zwischen den Galaxien wirkende Schwerkraft die Expansion des Universums nach ei-

ner bestimmten Zeit aufhält und es dann wieder zum Kollaps bringen kann. Die dafür notwendige Dichte wird als kritische Dichte bezeichnet. Der Druck setzt sich aus dem Druck der Strahlung und der Bewegung der Galaxien zusammen – er kann im allgemeinen vernachlässigt werden. Die Kosmologische Konstante gibt an, ob es zwischen weit entfernten Objekten eine mit der Entfernung wachsende Abstoßung (oder, zusätzlich zu der Gravitation, zusätzliche Anziehung) gibt oder nicht; im letzteren Fall ist Lambda = 0. Die Krümmung des Raumes kann durch die Werte -1 oder +1 beschrieben werden: Ist die Krümmung 0, so ist der Raum flach (man nennt ihn auch euklidisch), ist die Krümmung +1, so ist der Raum sphärisch, positiv gekrümmt wie eine Kugel, und ist die Krümmung -1, so ist der Raum hyperbolisch, negativ gekrümmt wie ein Sattel.

Die heute weitverbreitetste Theorie ist die des inflationären Universums. In ihrer einfachsten Form besagt sie, daß es keine zusätzliche Abstoßung im heutigen Universum gibt (Kosmologische Konstante gleich Null), daß der Weltraum ein flacher Raum ist, in dem die Lehrsätze der euklidischen Geometrie, wie wir sie in der Schule gelernt haben, uneingeschränkt Gültigkeit haben, und daß die Dichte des Universums gleich der kritischen Dichte ist. Allerdings beträgt die beobachtbare Dichte des Universums nur etwa 1 Prozent der kritischen, so daß man annehmen muß, daß ein großer Teil der Materie nicht leuchtet. Diese Dunkle Materie ist nur zu einem geringen Teil durch nichtleuchtendes Gas, dunkle Planeten oder Schwarze Löcher zu erklären: Man vermutet, daß sie aus massereichen Elementarteilchen besteht, die nur schwach mit der «gewöhnlichen Materie» des Universums wechselwirken. Es bleiben aber noch viele Fragen offen. Gleichgültig, welches Weltmodell (mit bestimmten Werten für die wirkliche Dichte im Universum) man dem Universum zugrunde legt, es ergeben sich aus den Formeln für das Alter des Universums Werte, die zwischen $2/3 \cdot 1/H_0$ und $1/H_0$ liegen. Der erstere (kleinere) Wert entsteht bei einer Dichte im Universum, die der kritischen Dichte entspricht, der zweite bei einer Dichte, die der beobachteten geringen Dichte der leuchtenden Materie nahekommt. Im Fall $H_0=100$ liegt das Alter des Universums zwischen 7 und 10 Milliarden Jahren, für den Fall $H_0=50$ sind die Werte doppelt so groß. Die ältesten beobachteten Sterne haben ein Alter von etwa 15 Milliarden Jahren – dies scheint ein überzeugendes Argument für den kleineren Wert der Hubble-Konstante zu sein. Aber die Lebenszeiten der Sterne beruhen auf Modellrechnungen, und das Universum kann komplizierter sein, als wir zunächst angenommen haben (so gibt es keinen physikalischen Grund, die Kosmologische Konstante von vornherein gleich Null zu setzen). Immerhin zeigen die besten Berechnungen der Lebenszeiten von Hauptreihensternen in Kugelhaufen, daß die ältesten Kugelhaufen zwischen 11 und 21 Milliarden Jahren alt sind, was auf eine Hubble-Konstante von höchstens 60 hindeutet, wenn die Sterne nicht älter als das Universum sein sollen. All diese theoretischen Erwägungen sind zwar plausibel, aber nicht überzeugend. Nur bessere Entfernungsmessungen von Galaxien, die auf einer Vielzahl von gut geeichten Objekten beruhen (pulsierenden oder explodierenden Sternen in diesen Galaxien – sogenannten «Standardkerzen»), können die endgültige Entscheidung bringen – und solche Messungen sind praktisch nur mit einem Weltraumteleskop wie Hubble möglich. Der Hubble unserer Tage betätigt sich in gleicher Weise wie Edwin Hubble zu seiner Zeit: Er versucht, zuverlässige Entfernungen der Galaxien zu ermitteln, daraus dann (bei bekannter Rotverschiebung) die Hubble-Konstante zu bestimmen und auf diese Weise auch das Alter des Universums zu ermitteln. Und dies geschieht folgendermaßen:

Eine der Hauptaufgaben des Weltraumteleskops ist es, nach pulsierenden Sternen in fernen Galaxien Ausschau zu halten. Kennt man die Periode eines pulsierenden Sterns vom Typ Delta Cephei, so kennt man auch seine Leuchtkraft, also seine Energieabgabe in den Weltraum, da eine strenge Beziehung zwischen Periode und Leuchtkraft besteht. Vergleicht man diese Leuchtkraft mit der scheinbaren Helligkeit, so kann man die Entfernung ausrechnen, in der sich der Stern befindet – die Entfernung der Galaxie ist damit bestimmt. Ihre Rotverschiebung kann durch eine einfache Spektralaufnahme mit einem irdischen Teleskop ermittelt werden. Kennt man von vielen Galaxien Entfernungen und Rotverschiebungen, so kann die Hubble-Konstante sehr viel genauer als bisher festgelegt werden.

Probleme gab es bislang vor allem deshalb, weil den «kosmologischen» Rotverschiebungen die eigenen Bewegungen der Galaxien überlagert sind. Da diese aber nur einen bestimmten Maximalwert erreichen können, werden die gemessenen Rotverschiebungen mit zunehmender Größe genauer. Neben pulsierenden Sternen finden übrigens auch Kugelsternhaufen und Supernovae Anwendung als Standardkerzen, die zur Entfernungsbestimmung herangezogen werden, worauf wir noch näher eingehen werden.

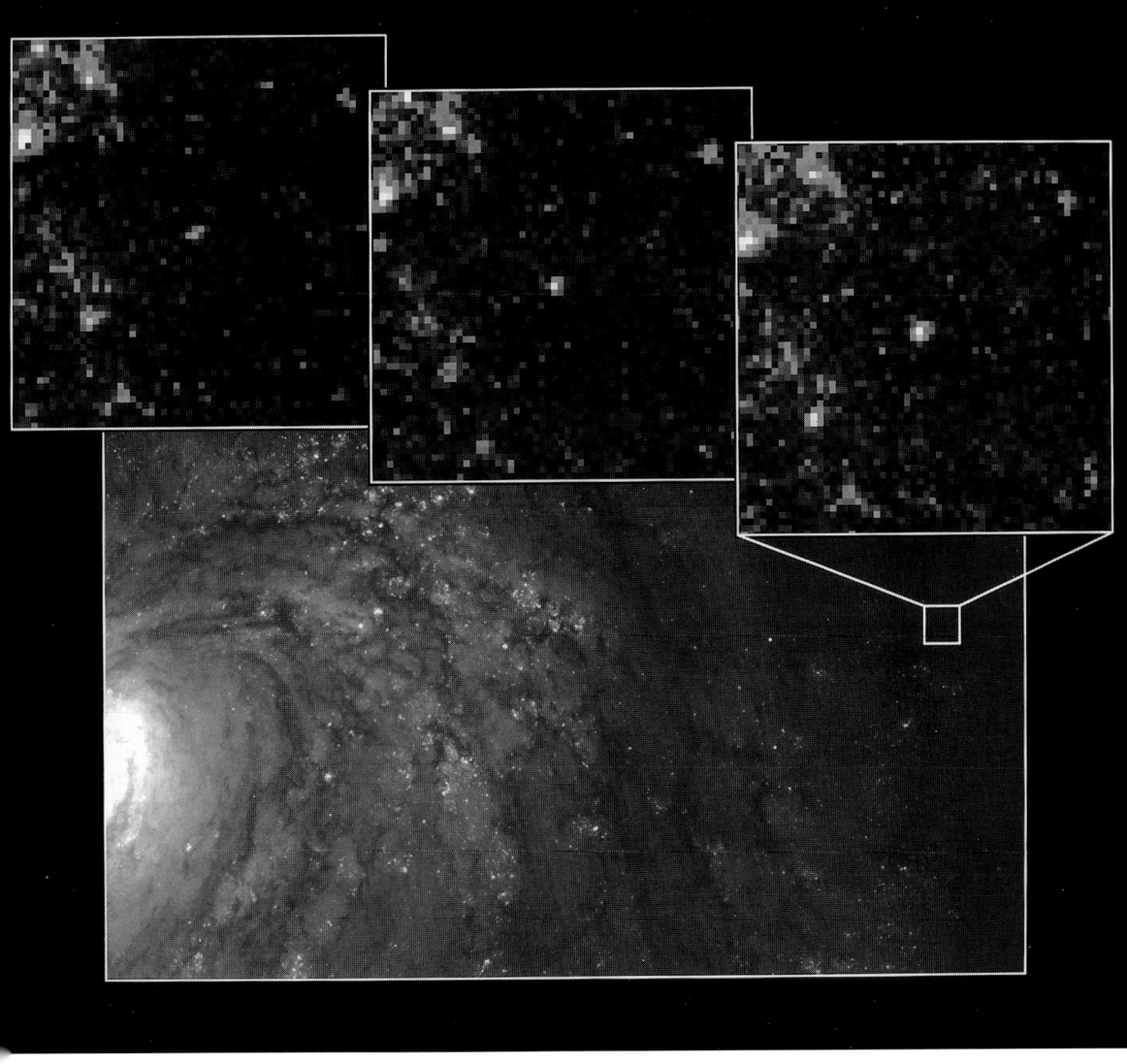

absoluten Helligkeit) dieser Sterne gibt: Je länger die Periode, um so leuchtkräftiger ist der Cepheidenveränderliche. Wir kennen Hunderte von Cepheiden in der Milchstraße, darunter auch eine ganze Zahl, deren Entfernungen und Leuchtkräfte genau genug bekannt sind, um die Perioden-Leuchtkraft-Beziehung exakt zu bestimmen. Kennt man die Periode eines Cepheiden in einer entfernten Galaxie, so kann man aus dem Vergleich der Leuchtkraft, die durch die Perioden-Leuchtkraft-Beziehung vorhergesagt wurde, mit der scheinbaren Helligkeit die Entfernung dieses pulsierenden Sterns bestimmen.

Die drei vergrößerten Bilder zeigen einen Cepheiden in der Spiralgalaxie M 100, dessen Helligkeitsvariation deutlich zu erkennen ist. Die Helligkeit dieses fernen Cepheiden, den kein irdisches Teleskop als einzelnen Stern beobachten könnte, variiert mit einer Periode von 51.3 Tagen. Daraus läßt sich eine genaue Entfernung der Galaxie ableiten: etwa 56 Millionen Lichtjahre.

M 100 steht im Virgohaufen, dem berühmten Galaxienhaufen im Sternbild Jungfrau: Viele große und kleine Galaxien scharen sich hier um mindestens zwei Zentren. Die räumliche Ausdehnung des ganzen Haufens wie auch die Bewegungen der Galaxien zueinander unter dem Einfluß ihrer Schwerkraft sind kompliziert. Die «Fluchtgeschwindigkeit» des Virgohaufens ist keinesfalls eindeutig mit der großen «Hubble-Strömung» gekoppelt, die bei der Berechnung der Hubble-Konstanten von Interesse ist – aber wenn die Entfernung des Virgohaufens genau bekannt ist, lassen sich viele andere «sekundäre» Entfernungsmesser an ihm eichen und bei ferneren Galaxien, die voll im Hubble-Fluß

Ein Cepheidenstern pulsiert in der Galaxie M 100, bekannt aus dem letzten Kapitel: Nach seiner Optikreparatur konnte Hubble diese entscheidenden veränderlichen Sterne auch in Galaxien des Virgohaufens erkennen und ihrem Lichtwechsel folgen. In den drei Ausschnittsvergrößerungen erkennt man die wechselnde Helligkeit des Objekts in der Mitte (Quelle: W. Freedman und NASA).

Cepheiden

Cepheiden sind Riesensterne, späte Entwicklungsstadien massereicher Sterne, die sich von der sogenannten «Hauptreihe» der wasserstoffbrennenden Sterne wegbewegt haben und in einen sogenannten «Instabilitätsstreifen» eingetreten sind. Aufgrund bestimmter atomphysikalischer Bedingungen in ihren äußeren Schichten beginnen die Sterne zu pulsieren. Schon Anfang des Jahrhunderts erkannten Henrietta Leavitt (1868–1921) und Ejnar Hertzsprung (1873–1967), daß es einen Zusammenhang zwischen der Pulsationsperiode (in Tagen) und der Leuchtkraft (oder der stecken, wiederfinden. Die Entfernungsmessung von M 100 war nur ein erster Schritt.

Diese Beobachtungen, die von der amerikanischen Astronomin Wendy Freedman durchgeführt wurden, deuten auf eine Hubble-Konstante von etwa 80 km/s/Mpc. Allerdings stellt die Periode-Leuchtkraft-Beziehung nicht eine schmale Linie dar, sondern ein breites Band. Um zu genauen Aussagen zu kommen, hilft nur die Statistik: Je mehr Cepheiden beobachtet werden, und je mehr Galaxien des Virgo-Haufens mit dieser Methode vermessen werden können, desto sicherer wird die Aussage über den aktuellen Wert der Hubble-Konstanten. Doch der Trend der Beobachtung ist eindeutig: Cepheiden in gleich mehreren anderen Virgo-Galaxien und weitere dieser pulsierenden Sterne in M 100 konnten aufgespürt werden – und stets folgen hohe Werte für die Hubble-Konstante. Dies würde bedeuten, daß das Universum sehr viel jünger als bisher angenommen ist. Muß dann die gesamte Entstehungstheorie des Universums umgeschrieben werden?

Kugelsternhaufen

So einfach ist es nun auch wieder nicht, wie wir gleich sehen werden. Die nebenstehende Aufnahme zeigt ein Feld entfernter Galaxien. Sie setzt sich aus 16 Aufnahmen zu je 15 Minuten zusammen. Das hellste Objekt im Feld ist die elliptische Galaxie NGC 4881, die sich im äußeren Teil des Coma-Galaxienhaufens befindet. Ihre Rotverschiebung entspricht einer Fluchtgeschwindigkeit von 7000 km/s. Neben

Die elliptische Galaxie NGC 4881 im Coma-Galaxienhaufen und ihre Umgebung. Interessant sind die kaum erkennbaren winzigen Lichtpünktchen, die NGC 4881 umgeben: Es sind Kugelsternhaufen, und ihre Helligkeitsverteilung gibt indirekt Auskunft über die Distanz der Galaxie. Überaus erstaunliches Ergebnis: Die *daraus* abgeleitete *Obergrenze* für die Hubble-Konstante liegt unter dem hohen Wert, der aus der Entfernungsmessung der M-100-Cepheiden folgte (Quelle: Das HST-WFPC2-Team und NASA).

dieser hellen Galaxie 13. Größe sieht man noch eine schwächere Spiralgalaxie 16. Größe, die ebenfalls dem Comahaufen angehört, sowie einige Vordergrundsterne unserer Milchstraße. Alle anderen Galaxien liegen weit jenseits des Comahaufens in den Tiefen des Alls; ein Objekt zeigt die Verschmelzung zweier Galaxien.

In der Nachbarschaft von NGC 4881 erkennt man schwache, punktförmige Objekte, die Kugelhaufen dieser Galaxie darstellen und damit zur Entfernungsbestimmung herangezogen werden können. Die Kugelsternhaufen der Milchstraße haben eine absolute Helligkeit von -7.6^M, in anderen Galaxien in unserer Nachbarschaft liegt die Mehrzahl zwischen -7^M und -8^M. Dieses Maximum ist auf der Aufnahme von NGC 4881 noch nicht zu erkennen, obwohl sie Objekte bis zur 27.6ten scheinbaren Helligkeit zeigt. Daraus läßt sich ableiten, daß der Comahaufen mehr als 100 Megaparsec entfernt ist und der Zahlenwert der Hubble-Konstante unter 70 km/s/Mpc liegt, also ein ganz anderer Wert, als ihn Wendy Freedman ermittelt hat. Er steht sogar in direktem Widerspruch zu den 80 km/s/Mpc, die die Cepheidenmethode liefert. Die Entfernung zum Comahaufen ist aber ein wichtiger Maßstab für die kosmische Entfernungsskala, weil anzunehmen ist, daß bei dieser Entfernung die lokalen Abweichungen von der kosmischen Expansion schon eine zu vernachlässigende Größenordnung haben.

Hubble trägt seinen Namen nicht zuletzt wegen der Erwartung, daß das Teleskop nach einigen Jahren Messungen die Hubble-Konstante bis auf 10 Prozent Restfehler bestimmen kann. Formal gesehen, nähert man sich mit der Virgo-Cepheiden-Methode tatsächlich diesem Ziel. Endgül-

tige Sicherheit ist jedoch erst möglich, wenn mehrere unabhängige Methoden der Entfernungsmessung im Weltraum angewendet werden. Gleichwohl kann Hubble manche der schon mit irdischen Teleskopen erprobten Techniken verbessern. Eine der populärsten ist die Ausnutzung von Supernovae als Standardkerzen in fernen Galaxien.

Supernovae sind Sternexplosionen, von denen noch im Detail die Rede sein wird; hier ist entscheidend, daß eine bestimmte Klasse von ihnen stets eine sehr ähnliche absolute Maximalhelligkeit zu erreichen *scheint*. Nun ist es aber weder bewiesen, daß die Supernovae wirklich eine feste Maximalhelligkeit besitzen, noch konnte diese Helligkeit bis vor kurzem gut geeicht werden. Hier hilft Hubble: Mit der Cepheidentechnik bestimmte das Teleskop die Distanz zu zwei Galaxien, die zwar viel zu nahe sind, um schon eindeutig durch die kosmische Expansion von unserer fortgezogen zu werden, in denen es aber in der Vergangenheit IA-Supernovae gab, deren scheinbare Maximalhelligkeiten gemessen wurden. Vergleicht man diese mit Supernova-Maxima in viel weiter entfernten Galaxien, zu denen keine direkte Methode der Distanzbestimmung führt, die dafür aber dem «Hubble-Fluß» unterliegen, dann läßt sich abermals eine Hubble-Konstante ermitteln – und sie liegt eher bei 50 km/s/Mpc.

Was trägt Hubble also zur Bestimmung der Hubble-Konstante bei? Wo liegt ihr Wert, wo wird das Alter des Universums anzusiedeln sein? Für ein Fazit ist es Anno 1995 noch etwas zu früh, obwohl die Ergebnisse in eine eindeutige Richtung zu weisen scheinen. Ist die Hubble-Konstante somit tatsächlich näher bei 100 als bei 50 km/s/Mpc, dann ist zumindest eine Schlußfolgerung unausweichlich: Das einfachste kosmologische Modell mit einer kosmologischen Konstanten gleich Null kann nicht stimmen, denn daß die ältesten Sterne, die man kennt, über 15 Milliarden Jahre alt sind, daran führt kein Weg vorbei (Innenleben und Evolution normaler Sterne gehören immerhin zu den am besten verstandenen Fragen der Astrophysik). Daß dadurch die überaus erfolgreiche Theorie des Urknalls gefährdet sei, ist aber übertrieben: Mit einer positiven Kosmologischen Konstante läßt sich leicht eine *heute* große Hubble-Konstante mit einem Weltalter von 20, ja 30 Milliarden Jahren in Einklang bringen, da sie in der Frühzeit des Universums eine lange Phase sehr geringer Expansion bewirkte. Es ist sogar vermutet worden, daß eine Milliarden Jahre während «Ruhephase» der kosmischen Expansion entscheidend zur Bildung der Galaxien beigetragen habe (vgl. auch Kasten S. 64).

Noch aber ist die Frage offen, ob wir in einem relativ einfachen Kosmos ohne Kosmologische Konstante und mit niedriger Expansion oder einem komplizierteren mit hohem Hubble-Parameter leben. Die Differenzen zwischen den verschiedenen Weltmodellen haben jedoch auch Auswirkungen ganz konkreter Natur: Wir können bei weit entfernteren Himelsobjekten nur sehr ungenaue Angaben über ihre Distanz machen, selbst wenn die Rotverschiebung bekannt ist *und* man sich für einen Wert der Hubble-Konstanten entscheidet. Wie die Graphik auf Seite 64 aber zeigt, unterscheiden sich die Distanzen zu einem Objekt mit bekannter Rotverschiebung je nach Weltmodell erheblich: *Alle* Angaben über Entfernungen, die im Bereich von Milliarden Lichtjahren liegen, sind nicht zwangsläufig exakt. So steht zwar zu hoffen, daß Hubble eines Tages bei der Lö-

sung dieser Grundfrage nach Entfernungen und Alter im Universum entscheidend beitragen wird. Vorläufig aber sind die großen Rätsel weiter ungelöst.

Hubble und das Urknall-Helium

Eine weitere grundlegende Frage der Kosmologie ist die nach der Entstehung des Universums. Die allgemein gängige, doch immer wieder angezweifelte und nicht widerspruchsfreie Theorie ist die des Urknalls. Hubble hat einen weiteren Beleg für die Richtigkeit dieser These gefunden.

Die Theorie sagt voraus, daß aus dem heißen Feuerball der Urexplosion sich während seiner Abkühlung das einfachste Element der Natur, Wasserstoff, in großen Mengen bildete. Jedes zehnte Atom wurde jedoch zu Helium. Das meiste Gas wurde zwar in die entstehenden Galaxien und die erste Generation von Sternen eingebaut, aber etwas muß zwischen den Milchstraßen zurückgeblieben sein. Einen Beleg für die Existenz solchen Heliums scheint Hubble gefunden zu haben.

Was wir auf nebenstehendem Bild sehen, ist ein Spektrum, das Hubbles Faint Object Camera aufgenommen hat. Das Licht eines fernen Quasars wurde durch ein Prisma in seine einzelnen Farben zerlegt, die sich entlang der Senkrechten anordnen und in der Skala markiert sind. Das meiste Licht dieses Quasars (Q 0302-003) erreicht uns im Roten (der helle Lichtfleck unten), eine Folge der großen Rotverschiebung des fernen Objekts. Das besondere Interesse galt aber dem ultravioletten Spektralbereich, der vom Erdboden

Das UV-Spektrum des fernen Quasars Q 0302-003. Das Abbrechen des Spektrums bei 130 nm ist ein klarer Hinweis auf die Existenz intergalaktischen Heliums. Das war Hubbles erste große Entdeckkung nach der Reparaturmission (Quelle: ESA).

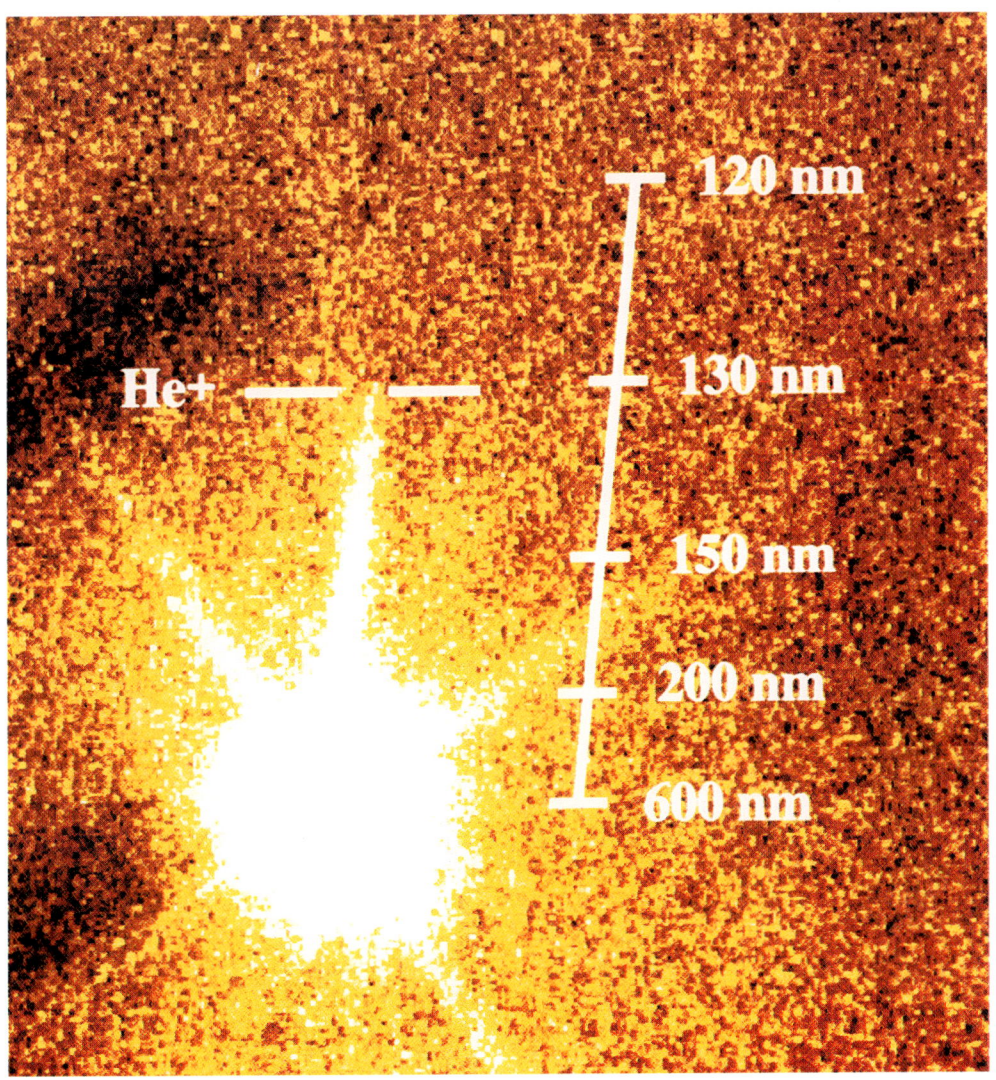

He+ — — —

120 nm

130 nm

150 nm

200 nm

600 nm

aus nicht zugänglich ist und von dem Prisma in den Lichtspieß nach oben gebrochen wurde – und ganz besonders spannend ist die Tatsache, daß dieser Spieß bei 130 nm Wellenlänge urplötzlich abbricht! Bei allen Wellenlängen jenseits von 130 nm, von der Rotverschiebung auf 130 nm verlängert, läßt Helium im Raum zwischen der fernen Lichtquelle und uns ihre Strahlung verschwinden, das Spektrum wird regelrecht abgehackt. War damit der Beweis geführt, daß Heliumschwaden den Raum zwischen den Galaxien durchziehen?

Ein noch stärker ins Ultraviolette vordringendes Teleskop wurde benötigt, um die Heliumabsorption auch bei näheren Quasaren mit geringerer Rotverschiebung nachweisen zu können: Das Hopkins Ultraviolet Telescope kam im Rahmen des Space Shuttle-Fluges Astro-2 Anfang 1995 zum Einsatz und widmete mit seinem Spektrographen den hellsten bekannten Quasaren viele Stunden Belichtungszeit. Der Nachweis des intergalaktischen Heliums war der Grund für den Bau dieses Spezialteleskops gewesen, und im Juni 1995 konnten die Astronomen der Hopkins-Universität in Pittsburgh Vollzug melden: Eindeutig war es ihrem Teleskop gelungen, den von Hubble vorweggenommenen Effekt auch bei anderen Quasaren zu messen. Ein weiterer Mosaikstein im Gebäude der Urknalltheorie ist gefunden! Das nebenstehende Bild mag eins der unscheinbarsten sein, die Hubble aufgenommen hat, aber für die Astrophysik ist es eines der bedeutendsten überhaupt.

Und noch ein weiterer bedeutender Beitrag zur Enträtselung des gar nicht so leeren Raumes zwischen den Galaxien gelang Hubble 1995: Das Weltraumteleskop konnte zeigen, daß ein großer Teil der schmalen Absorptionslinien, die man schon länger in den Spektren ferner Quasare kannte, nicht auf sternfreie intergalaktische Wolken, sondern auf gigantische Gashalos normaler Galaxien zurückgeht. Nur Hubble mit seiner UV-Empfindlichkeit kann diese Absorptionslinien auch bei geringen Rotverschiebungen sehen, und so eröffnete sich erstmals die Möglichkeit, nach Galaxien in den entsprechenden Entfernungen Ausschau zu halten. Dann war das Staunen groß: Für rund die Hälfte der Absorptionslinien wurden die verantwortlichen Galaxien entdeckt – aber sie standen durchaus nicht immer unmittelbar neben der Sichtlinie. Vielmehr stellte sich nun heraus, daß ganz gewöhnliche Galaxien von ausgedehnten Wasserstoffwolken umgeben sind, die 15mal so groß sein können wie das optische Bild der Galaxien! Wo dieses Gas allerdings herkommt, ist ziemlich unklar: Nach allen Theorien über das Wesen von Milchstraßensystemen kann sich so weit draußen kein Gas halten!

Welteninseln in Raum und Zeit: Galaxien und Quasare

Die große Ausdehnung des Universums und die endliche Laufzeit des Lichtes bewirken, daß jeder Blick in die Tiefen des Alls ein Blick in die Vergangenheit ist. Was uns Menschen unmöglich ist, ist für Hubble kein Problem: die Vergangenheit des Universums wieder lebendig werden zu lassen. Weit entfernte und damit sehr alte Objekte erscheinen allerdings klein, und aufgrund der unzureichenden Bildschärfe irdischer Teleskope war bisher unser Blick in die ferne Vergangenheit getrübt. Viele Fragen konnten so bis heute nicht geklärt werden: Auf welche Weise entwickeln sich Galaxien im Laufe der Jahrmilliarden? Gibt es Verwandlungen von Spiralgalaxien in elliptische und umgekehrt? Nimmt die Zahl der Galaxien mit der Zeit durch Kannibalismus ab, oder können neue Galaxien aus bislang nicht verwendetem Wasserstoff und Helium im Weltall kondensieren? Hubble ist im Begriff, entscheidende Fortschritte zur Klärung dieser Fragen zu liefern.

Unser erstes Bild (auf S. 74 links) zeigt ein Gebiet von der Größe des «großen Wagens» (ohne Deichsel) im Sternbild Sculptor (Bildhauer), das mit dem UK-Schmidtteleskop in Australien aufgenommen wurde. In seinem Zentrum befindet sich ein schwacher Galaxienhaufen, der in dieser Darstellung nicht zu erkennen ist. Nur Vordergrundsterne der Milchstraße sind wahrzunehmen. Das mittlere Bild stellt eine 4.7stündige Aufnahme Hubbles dar, die Objekte bis zur 28.5ten Größenklasse wiedergibt. Das helle, sternförmige Objekt ist der Quasar Q 0000-263. In seiner Nachbarschaft liegt ein Galaxienhaufen, der aus 14 Objekten besteht und wahrscheinlich mit dem Quasar assoziiert ist. All diese Objekte befinden sich in einer Entfernung von etwa 12 Milliarden Lichtjahren und zeigen, wie das Universum etwa 2 Milliarden nach dem Urknall aussah – Hubble

hat sozusagen unsere Kinderstube fotografiert. Dieses Bild stellt zusammen mit den folgenden Abbildungen einen der tiefsten Einblicke in den Weltraum und damit in die Vergangenheit dar, die der Menschheit bisher möglich waren.

Das linke Bild auf S. 75 zeigt eine der am längsten belichteten Aufnahmen des Weltraumteleskops. Die 18stündige Belichtung eines Feldes im Sternbild Schlange (Serpens) ist aus Beobachtungen zusammengesetzt, die zwischen dem 11. Mai und 15. Juni 1994 erhalten wurden, und zeigt Objekte bis zur 29. Größe. Viele Galaxien mit Entfernungen zwischen 5 und 12 Milliarden Lichtjahren sind im Feld zu erkennen. Ein Teil dieser Objekte befindet sich in einer Entfernung von 9 Milliarden Lichtjahren, darunter die im Zentrum des Bildes liegende ungewöhnliche Radiogalaxie 3C 324, die auch in der Vergrößerung unten rechts dargestellt ist.

Die hohe Auflösung des Weltraumteleskops ermöglicht das leichte Klassifizieren von Spiralgalaxien und elliptischen Galaxien. Es erweist sich jetzt, daß zu früheren Zeiten Haufen wesentlich mehr Spiralgalaxien aufwiesen als heute. Ein Teil dieser Galaxien zeigt seltsame Strukturen, auch seltsame Galaxienfragmente sind zu sehen.

Nur bei wenigen Galaxien scheint es sich um normale Spiralgalaxien zu handeln; es gibt dagegen eine ganze Reihe von deformierten und miteinander verschmelzenden Objekten. Eine solche Gruppe ist oben rechts zu sehen. Im frühen Universum scheint es eine große Wahrscheinlichkeit für nahe Galaxienbegegnungen und -verschmelzungen gegeben zu haben.

Der Haufen enthält aber auch eine Reihe roter Galaxien, die den heutigen elliptischen Galaxien ähnlich sind. Sie

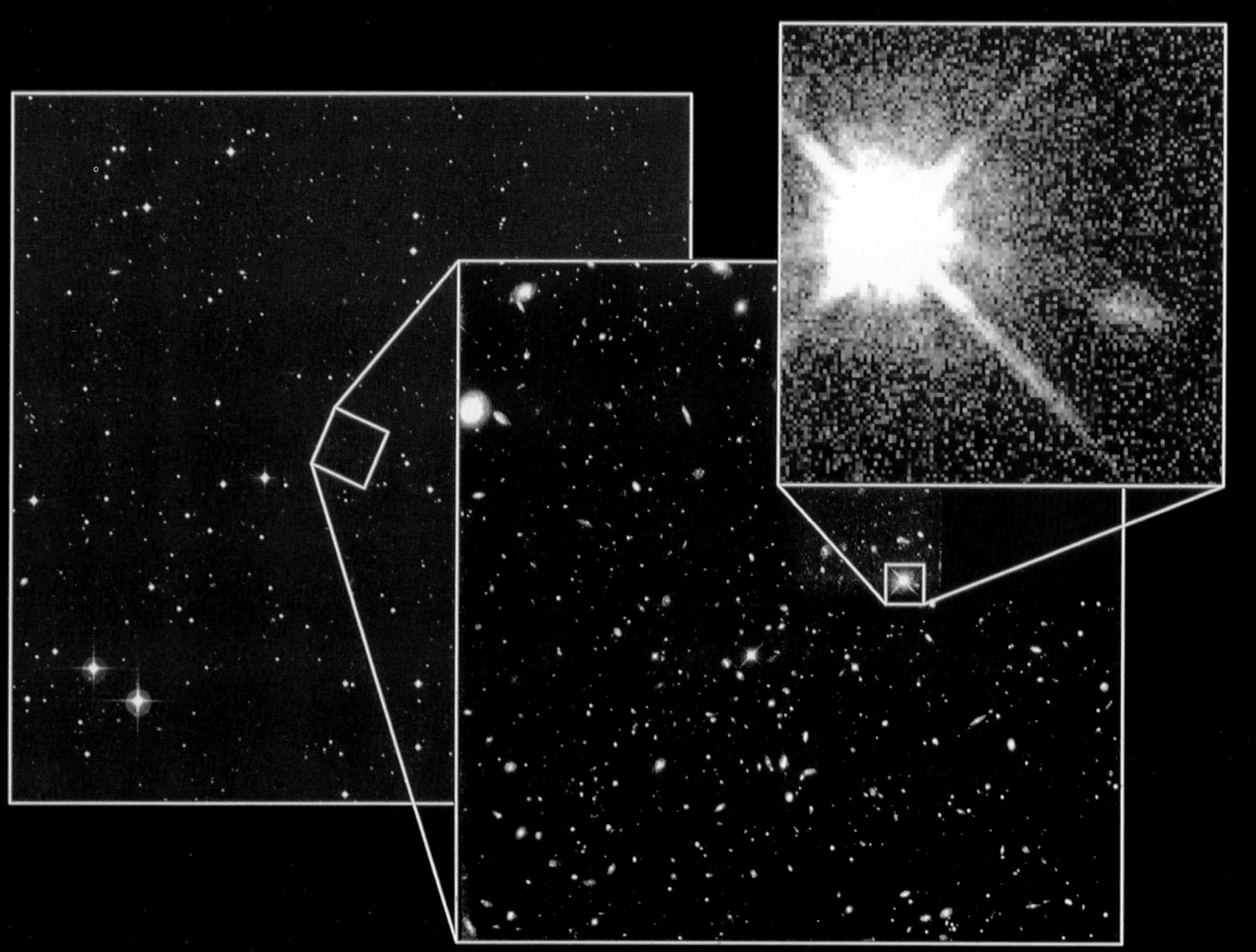

Linke Seite:
Blick in unsere Kinderstube, in das junge Universum. Abgebildet ist einer der entferntesten Galaxienhaufen, den wir kennen, in etwa zwölf Milliarden Lichtjahren Distanz entfernt vor dem Quasar Q 0000-263 gelegen (Quelle: D. Macchetto, M. Giavalisco und NASA).

Menschliche Einblicke tief in die Vergangenheit. Im Mittelpunkt der großen Abbildung erkennt man eine etwa neun Milliarden Lichtjahre entfernte Radiogalaxie und einen schwachen Galaxienhaufen, der vermutlich in ihrer Nähe angesiedelt ist. Bilder wie diese sind eindeutiger Beleg dafür, daß das Universum zu verschiedenen Zeiten verschieden aussieht, also einer Evolution unterliegt und mithin einen Anfang gehabt haben dürfte (Quelle: M. Dickinson und NASA).

Die Evolution der Galaxien im Laufe der Jahrmilliarden (Quelle: A. Dressler et al. und NASA).

bestehen aus Sternen, die sich sehr bald nach dem Urknall gebildet hatten. Eine solche Gruppe elliptischer Galaxien ist auf S. 75 im mittleren Bild rechts zu sehen. Elliptische Galaxien und die Sterne, aus denen sie aufgebaut sind, scheinen sich schon im frühen Universum gebildet und ihre Struktur bis heute kaum geändert zu haben.

All diese Beobachtungen erlauben es, die Struktur von elliptischen und spiralförmigen Galaxien im Laufe der Entwicklung des Universums zu illustrieren. Dies ist in der Abbildung oben versucht worden. Auch Hubble kann natürlich nichts gegen die Tatsache ausrichten, daß junge Objekte nur in den Tiefen des Raumes zu sehen sind, also klein erscheinen und deshalb eine geringere Auflösung besitzen als Objekte in unserer unmittelbaren Nachbarschaft. Aber immer-

hin ist es jetzt möglich, verschiedene Klassen von Galaxien bis in die ferne Vergangenheit deutlich unterscheiden zu können.

Die linke Spalte zeigt die beiden Prototypen, die man im heutigen Universum, etwa 15 Milliarden Jahre nach dem Urknall, findet: elliptische Galaxien, die aus alten Sternen zusammengesetzt sind (oben), und Spiralgalaxien, in deren mit Gas und Staub durchsetzten Scheiben auch heute noch neue Sterne gebildet werden (unten).

Betrachtet man die obere Zeile, erkennt man, daß elliptische Galaxien ihr Aussehen kaum geändert haben: Auch die allerjüngsten Objekte auf der rechten Seite zeigen schon die für elliptische Galaxien charakteristische Helligkeitsverteilung.

Junge Galaxien in Farbe (s. auch Abb. S. 78), wie sie Hubble in verschiedenen Epochen des Alls aufspüren konnte (Quelle: NASA).

Im Gegensatz dazu hatten die heute im allgemeinen symmetrisch erscheinenden Spiralgalaxien zu früheren Zeiten ein wesentlich unregelmäßigeres Aussehen (Mitte links) und zeigen ungleichförmig verteilt auftretende, ausgedehnte Sternentstehungsgebiete (Starbursts; Mitte rechts). Im sehr frühen Universum sind die Unterschiede möglicherweise nicht so kraß, jedoch lassen sich trotz der geringen Auflösung elliptische und Spiralgalaxien noch deutlich trennen (ganz rechts).

Daß Galaxienwechselwirkungen und Kollisionen nicht nur im frühen Universum vorkommen, sondern auch in der «nahen Vergangenheit», bei kleineren Rotverschiebungen und größer erscheinenden Objekten, zeigt die spektakuläre Aufnahme eines Frontalzusammenstoßes zweier Galaxien,

die im Detail erkennen läßt, welche Phänomene dabei auftreten. Die sogenannte «Wagenrad-Galaxie» im Sternbild Sculptor (Bildhauer) liegt in einer Entfernung von 500 Millionen Lichtjahren.

Die ringförmige Struktur ist eine direkte Folge des Eindringens einer kleineren Galaxie – wahrscheinlich eines der beiden rechts vom Ring befindlichen Objekte – in den Zentralteil der Galaxie. Diese Kollision führte zu einer Stoßfront in der zum großen Teil aus Gas und Staub bestehenden Scheibe, die sich mit einer Geschwindigkeit von über 300'000 Kilometer pro Stunde wie eine Flutwelle durch die Scheibe bewegte und in ihrem Gefolge eine heftige Sternentstehung auslöste. Die Aufnahme läßt helle blaue Knoten erkennen, bei denen es sich um Sternhaufen mit masserei-

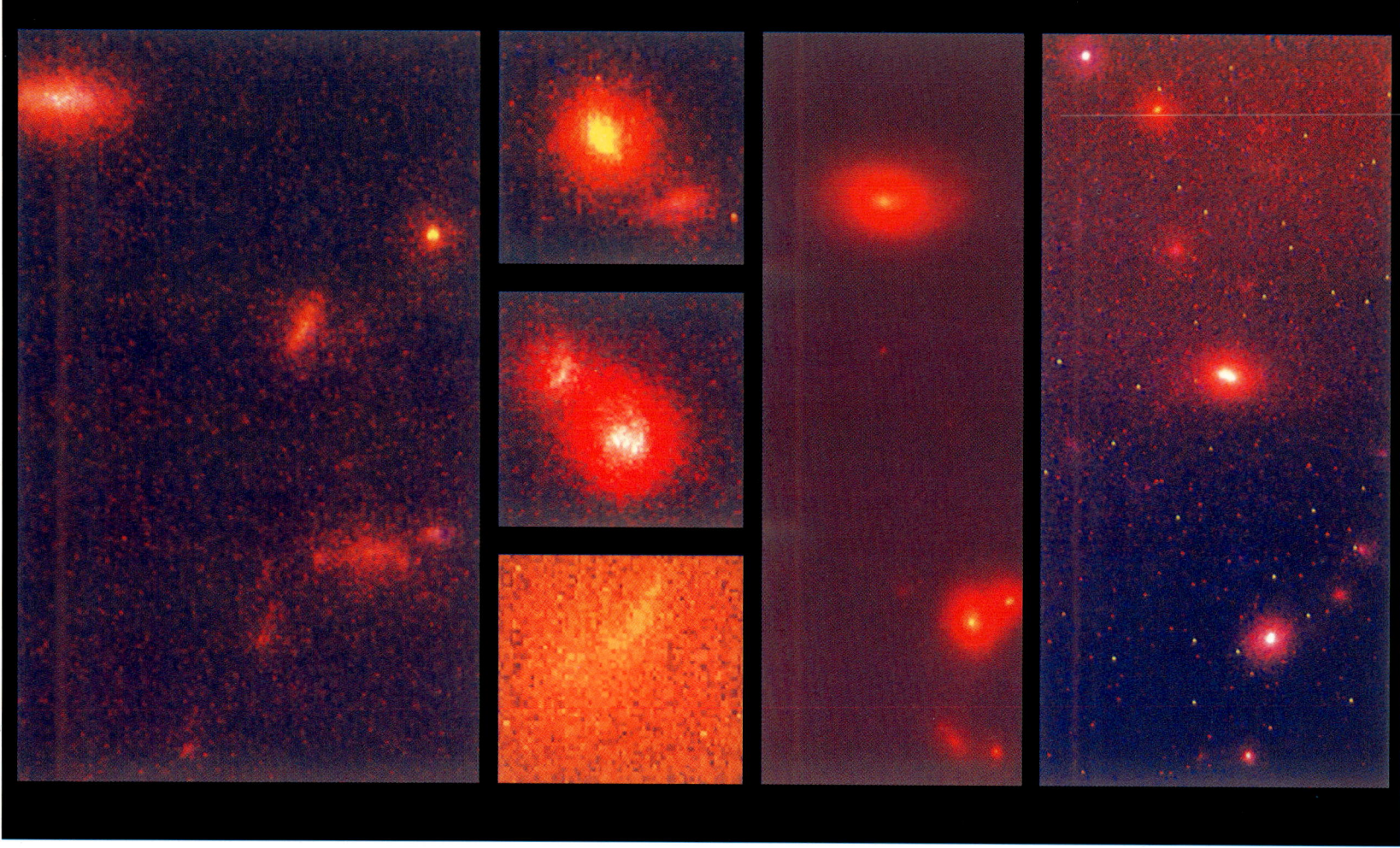

chen, heißen Sternen und um ausgedehnte Ringe und Blasen handelt, die durch die Explosion von Supernovae, den Endstadien solcher massereichen Sterne, erzeugt wurden. Der Ring hat einen Durchmesser von 150'000 Lichtjahren; unsere Milchstraße würde sich problemlos in seinem Inneren unterbringen lassen. Trotzdem scheint es so, daß diese Galaxie ähnliche Eigenschaften wie unsere Milchstraße besaß, durch die Kollision modifiziert wurde und jetzt wieder im Begriffe steht, ihre ursprüngliche Struktur zu restaurieren: Man kann schon ansatzweise neue Spiralarme («Speichen») zwischen dem «stieräugigen» Kern und dem äußeren Ring erkennen.

Unklar ist noch, welche der beiden Nachbargalaxien für die Kollision verantwortlich war. Die rote Galaxie weist kein

Gas auf, was man erwarten sollte, wenn sie an der Kollision beteiligt war: Das Gas wäre herausgefegt worden; allerdings wäre zu erwarten, daß es eine Zeitlang dauert, bis sich ein solcher Kollisionspartner in eine rote Galaxie verwandelt. Die blaue Galaxie zeigt Spuren einer Wechselwirkung und ablaufende Sternentstehung – was althergebrachten Theorien zwar widerspricht, aber vielleicht im Lichte dieser neuen Beobachtungen zu erklären ist.

Kollisionen sind in den Tiefen des Raumes keine Seltenheit – sie können im Leben einer Galaxie weitaus häufiger auftreten als im Leben eines Autofahrers. Kollisionen können dramatische Einflüsse auf die Form einer Galaxie haben – die Galaxien erhalten eine andere Gestalt, sie können sogar manchmal vollständig in den Kollisionspartner integriert

Oben: Hubbles Ausbeute bei der Suche nach jungen Galaxien.

Gegenüberliegende Seite: Die «Wagenrad-Galaxie», 500 Millionen Lichtjahre entfernt im Sternbild Bildhauer und entstanden durch den Zusammenstoß einer kleinen Galaxie mit einer gewöhnlichen Spiralgalaxie (Quelle: K. Borne und NASA).

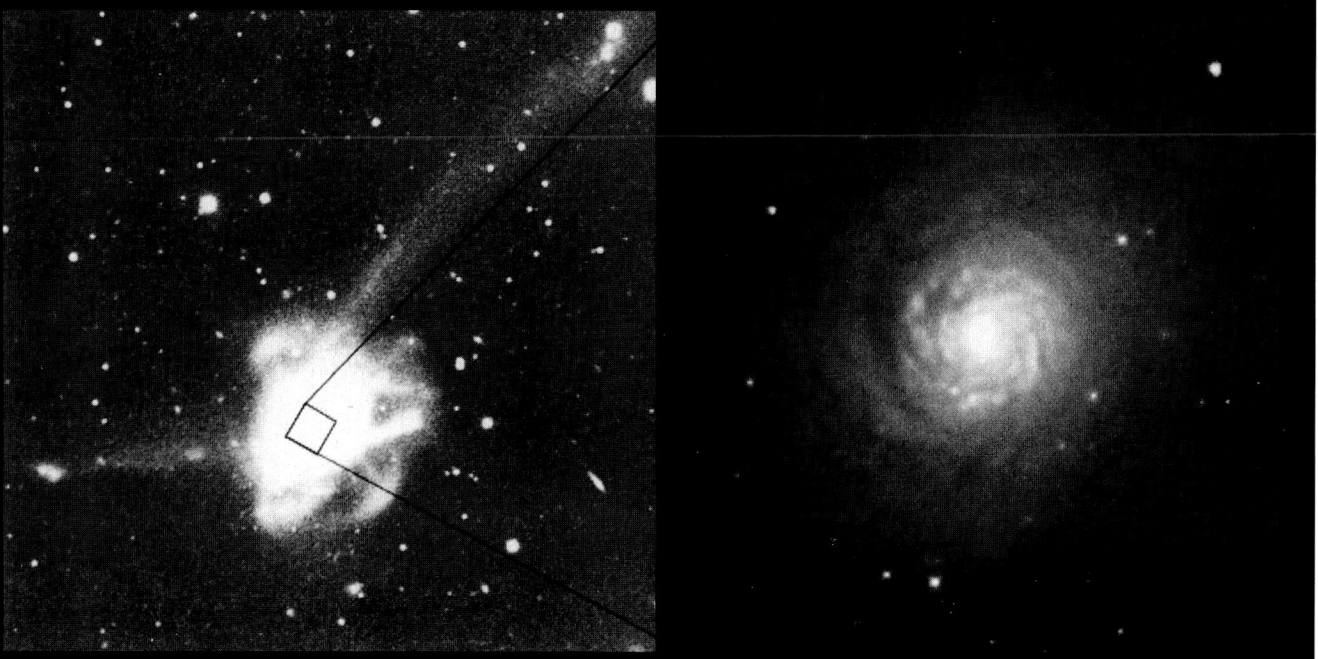

werden. Die Gesamtzahl der Galaxien von der Frühzeit bis heute sollte also immer kleiner werden, falls keine neuen Galaxien aus dem übriggebliebenen Baumaterial des Kosmos in späteren Zeiten entstehen.

Elliptische Galaxien sind durch Zusammenstöße entstanden, lautet eine kontroverse Theorie, zu der Hubble zwar wertvolle Beobachtungen beigesteuert hat, die aber die Pro- und Contra-Fraktionen entgegengesetzt interpretieren. Manches spricht dafür, daß die elliptischen Galaxien des Universums durch die Verschmelzung von zwei oder noch mehr Spiralgalaxien entstanden sind, aber es gibt ein Problem: Spiralgalaxien werden von relativ wenigen Kugelsternhaufen – kompakten Ansammlungen Hunderttausender von Sternen – begleitet, elliptische aber von besonders vielen – wo sollten sie im Fusionsszenario hergekommen sein? Hubbles Beobachtungen einer spektakulären Galaxienkollision (das Ergebnis trägt die Nummer NGC 7252) schien die Antwort zu geben: Dort, wo zwei Spiralgalaxien aufeinandergetroffen waren, entstanden Dutzende junger Kugelsternhaufen; ihre Bildung schien geradezu ein unvermeidliches Nebenprodukt von galaktischen Zusammenstößen zu sein. Falsch, sagen die Kritiker, die über 600 junge Sternhaufen infolge einer anderen Kollision untersuchten:

Die neu entstehenden Sternansammlungen seien eben gerade keine Kugel- sondern sogenannte offene Sternhaufen, bei denen die Sterne weiter auseinanderstehen und die dreimal so groß wie typische Kugelhaufen seien. Noch ist die Frage unentschieden. Sollte sich aber bestätigen, daß bei Galaxienkollisionen offene statt Kugelsternhaufen gebildet werden, ist das schon weithin akzeptierte Bild von der Entstehung der elliptischen Galaxien kaum noch haltbar.

Intensive Sternbildung in einer nahen Galaxie ist ein weiteres Phänomen, das Hubble erstmals richtig gezeigt hat. Mit acht Millionen Lichtjahren ist NGC 253 die uns am nächsten gelegene «Starburst-Galaxie», wo sich neue Sterne mit einer außerordentlich hohen Rate bilden. Als Vertreter dieses bemerkenswerten Galaxientyps hatte sie sich schon länger verraten, aber erst Hubbles hohe Sehschärfe läßt erahnen, was sich hier wirklich abspielt, und zeigt ein kompliziertes Zusammenspiel von dichtem Gas und Staub mit hellen, superkompakten jungen Sternhaufen. Was normalerweise auf viele Stellen in einer Galaxie verteilt ist und sich über Jahrmilliarden erstreckt, findet hier gleichzeitig in einer Region von nur 1000 Lichtjahren Durchmesser statt

NGC 7252 ist das Ergebnis einer Galaxien-Kollision, oben links von der Erde aus gesehen, rechts eine Aufnahme Hubbles (Quelle: links: F. Schweizer, rechts: B. Whitmore & NASA). Die Falschfarbenaufnahme auf der rechten Seite läßt die neu entstandenen Sternsammlungen deutlich sichtbar werden (Quelle: B. Whitmore & NASA).

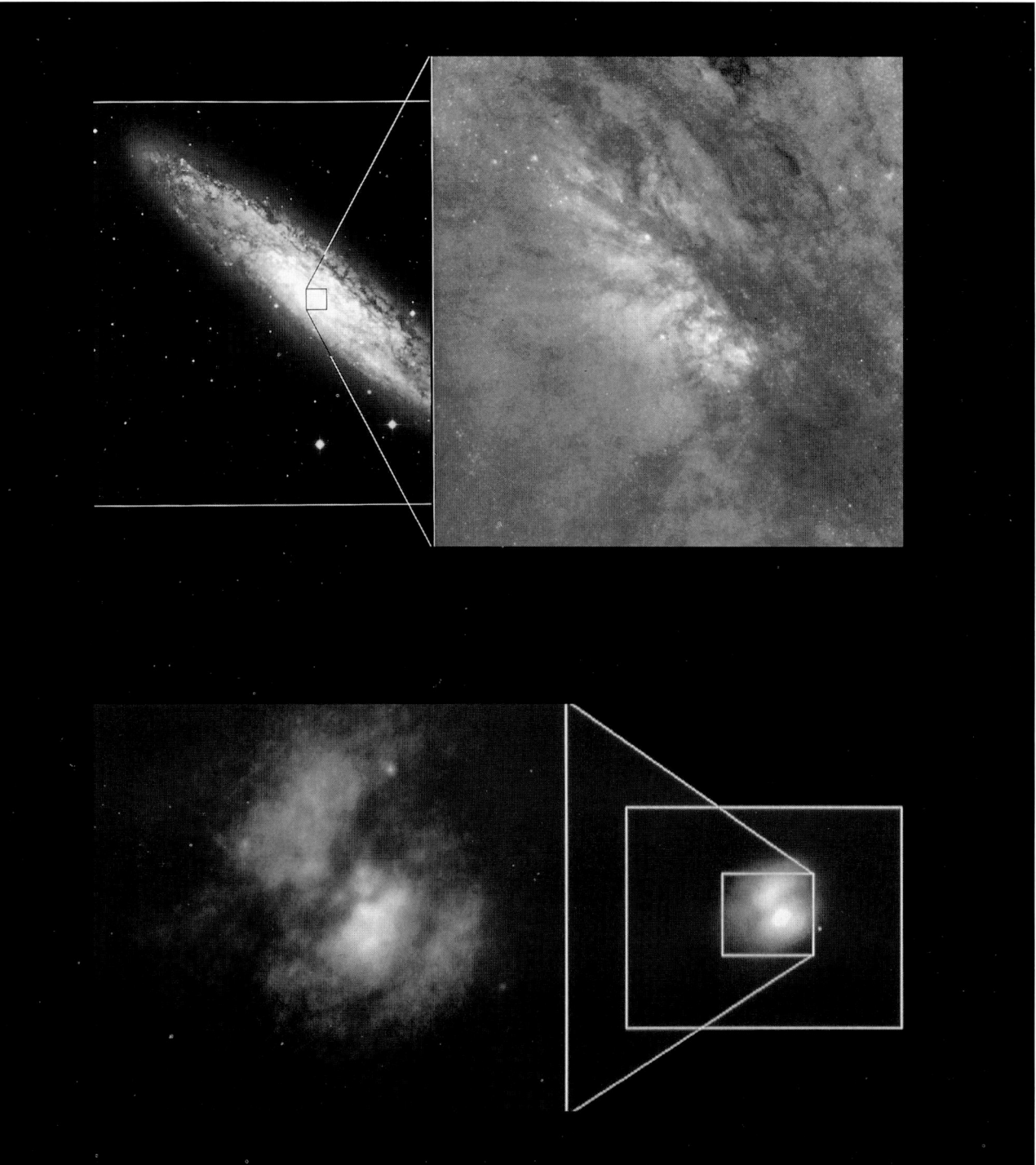

oben:
In dieser nahegelegenen Galaxie (NGC 253) entstehen ungewöhnlich viele neue Sterne – eine «Starburst-Galaxie», links Hubbles Aufnahme, rechts eine erdgebundene Gesamtaufnahme (Quelle: Jay Gallagher, Alan Watson & NASA für das Hubble-Bild, für die Aufnahme von der Erde aus: Carnegie-Institutions).

unten:
Eine weitere Starburst-Galaxie, Arp 220: Durch die Verschmelzung zweier Galaxien entstanden hier sechs helle Knoten, Orte extremer Sternbildung. Diese Haufen sind viel heller und zehnmal größer als jeder andere bekannte Sternhaufen. Ein dichtes Staubband teilt Arp 220 scheinbar in zwei Teile; in Wirklichkeit ist es eine Galaxie; auch hier gibt der Ausschnitt rechts die Sicht von der Erde aus wieder (Quelle: E. Shaya und NASA).

Sehr viele Gravitationslinsen sind im reichen Galaxienhaufen Abell 2218 am Werke, die verzerrte Abbilder von 5-10mal weiter entfernten Galaxien liefern: Als Bogenstücke sind diese Bilder nun zwischen den Galaxien zu sehen – ohne die Linsenwirkung des Galaxienhaufens, die die Bilder auch um ein Vielfaches heller werden läßt, wären diese fernen Galaxien selbst für Hubble nicht zu sehen (Quelle: W. Couch et al. und NASA).

Gravitationslinsen im Kosmos

Jedes Kind weiß, wie das Prinzip einer Linse funktioniert: Die von einem Gegenstand ausgehenden Lichtstrahlen können von einer Sammellinse gebündelt werden und erzeugen auf der dem Objekt abgekehrten Seite ein Bild des Gegenstands. Dies ist das Prinzip der Lupe (oder des Fernrohrs). Linsen der gigantischen Art gibt es im Weltraum – sie bestehen nicht aus Glas, sondern aus dem materieerfüllten Weltraum selber – und das geht so:

Nach Einsteins Allgemeiner Relativitätstheorie krümmt das Vorhandensein von Materie die Struktur des Raumes: Während ein Lichtstrahl im materiefreien Raum sich entlang einer geraden Linie ausbreitet, beschreibt er eine leicht gekrümmte Kurve um einen Himmelskörper herum: Die Lichtablenkung im Schwerefeld der Sonne war eine der Vorhersagen der Allgemeinen Relativitätstheorie, die 1919 zum ersten Mal während einer Sonnenfinsternis beobachtet werden konnte und Einsteins Theorie zum Durchbruch ver-

half. Wenn zwei Sterne in unserer Sichtlinie exakt hintereinander stehen, sollte das Bild des zweiten Sterns das punktförmige Bild des ersten Sterns in Form eines Ringes umgeben. Es tritt gleichzeitig auch eine Lichtverstärkung auf, die die Gesamthelligkeit dieses Sternpaars erhöht. Weil dieser Effekt mit dem einer Linse vergleichbar ist, spricht man von Gravitationslinsen. Als Linse können einzelne Sterne ebensogut wirken wie riesige Galaxien und Galaxienhaufen. 1979 wurde das erste Gravitationslinsenbild gefunden – ein durch eine Galaxie verursachtes Doppelbild eines Quasars. Eines der schönsten Gravitationslinsenbilder ist das eines weiteren Quasars, das man wegen seiner Form und Einstein zu Ehren das «Einsteinkreuz» nennt. Seit dieser Zeit wird fieberhaft nach weiteren Gravitationslinseneffekten gesucht – bei Quasarbildern, in den Magellanschen Wolken und in Richtung des Milchstraßenzentrums. Bei den beiden letzteren Forschungsprojekten geht es um die Gravitationslinsenwirkung lichtschwacher Objekte, der sogenannten Braunen Zwerge, die vor dem Hintergrund der sternrei-

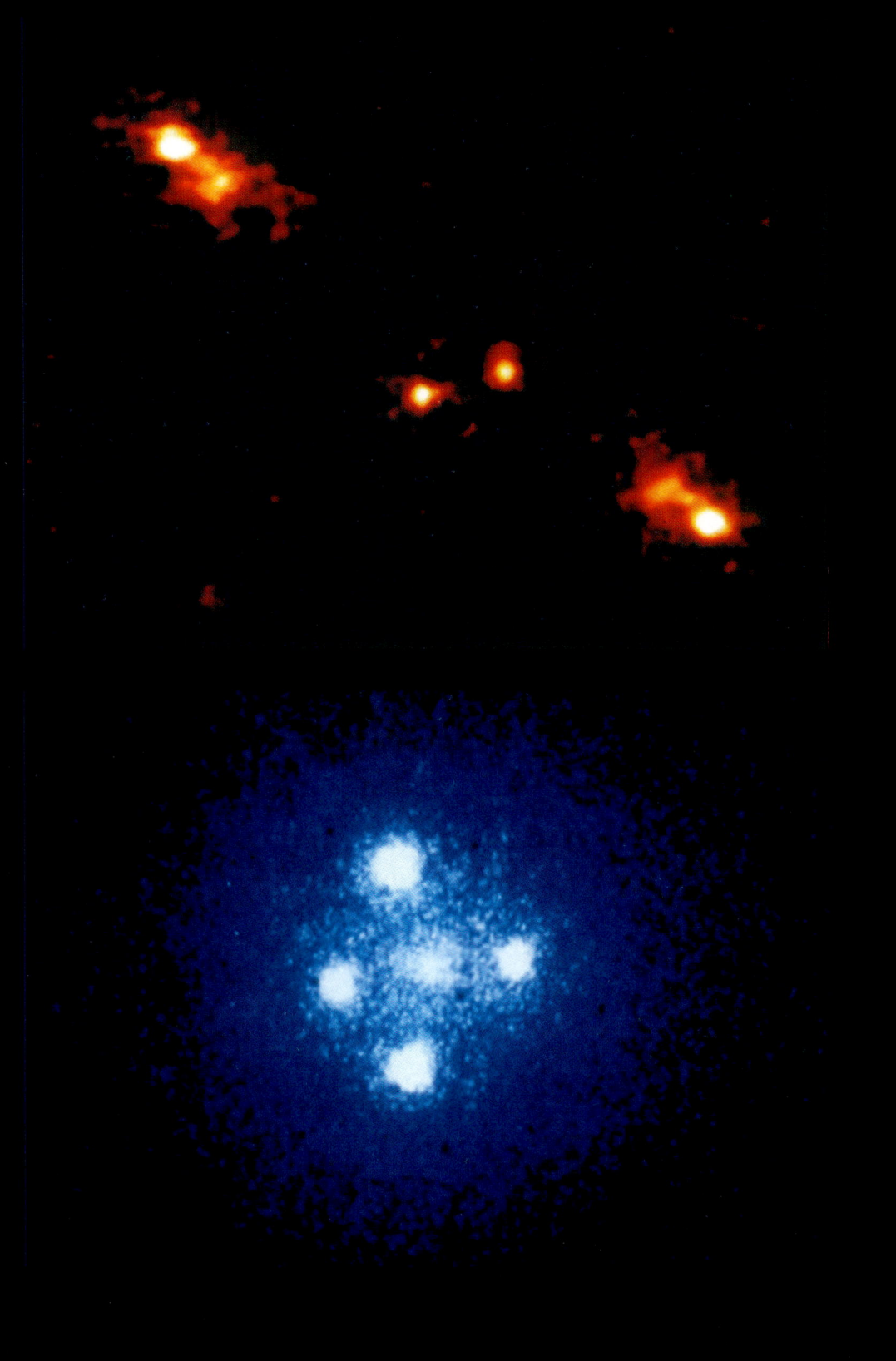

Oben: Die Gravitationslinse als Teleobjektiv: Der Galaxienhaufen AC 114 hat eine ferne Galaxie als zwei Spiegelbilder abgebildet (die L-förmigen Flecken oben links und unten rechts). Die zwei kompakten Objekte zwischen den Linsenbildern haben mit dem Phänomen nichts zu tun (Quelle: R. Ellis und NASA).

Unten: Das «Einsteinkreuz» ist ein besonders exotischer Fall einer Gravitationslinse. Eine Galaxie (in der Mitte) bildet einen fernen Quasar gleich vierfach ab (Quelle: NASA).

chen Felder der Milchstraße und der Magellanschen Wolken vorüberziehen und kurzzeitige Helligkeitsverstärkungen der Hintergrundsterne hervorrufen.

Konfigurationen dieser Art sind wesentlich häufiger, wenn wir es nicht mit Sternen, sondern mit ausgedehnten Galaxienhaufen zu tun haben. Solche Haufen krümmen den Raum und erzeugen Geisterbilder dahinter liegender, weit entfernter Galaxien.

Das Hubble-Bild des reichen Galaxienhaufen Abell 2218 ist ein spektakuläres Beispiel solcher Gravitationslinseneffekte. Das bogenförmige Muster, das wie ein Spinnennetz über das Bild gebreitet ist, besteht aus Bildern einer Galaxienpopulation, die 5–10mal soweit entfernt ist wie der Haufen selbst. Ihr Licht wurde ausgesandt, als das Universum erst ein Viertel des heutigen Alters hatte. So bieten diese Geisterbilder die Möglichkeit, die frühe Entwicklung von Galaxien zu untersuchen.

Das Bild zeigt auch Vielfachbilder, die auftreten, wenn die Raumkrümmung stark genug ist. Aus dem Auftreten der Bilder kann die Materieverteilung im Galaxienhaufen bestimmt werden – eine interessante Aufgabe, da solche Haufen eine große Menge Dunkler Materie enthalten.

Sind unsere Quasartheorien überholt?

In früheren Kapiteln haben wir die Eigenschaft Hubbles hervorgehoben, in die Tiefen des Universums und damit weit in die Vergangenheit schauen zu können. Was die Astronauten dort beobachteten, gehört zu den großen Rätseln im Universum – Gebilde, deren Name schon auf Ratlosigkeit schließen läßt: quasistellare Objekte = Quasare.

Seit ihrer Entdeckung im Jahre 1963 sind sie wenig verstandene Objekte geblieben. Geht man davon aus, daß die Rotverschiebung des Lichts im Spektrum durch die Expansion des Universums verursacht wird, dann deutet die extrem große Rotverschiebung ihres Lichtes darauf hin, daß sie, wie gesagt, sehr weit entfernt und sehr leuchtkräftig sind. Da man sie bei niedrigen Rotverschiebungen (das heißt, in der heutigen Zeit bzw. in der Nachbarschaft der Milchstraße) kaum mehr findet, müssen sie vor vielen Milliarden Jahren «erloschen» sein.

Eine Theorie, ihre hohe Energieerzeugung zu erklären, ist folgende: Quasare sind die massereichen Kerne von Galaxien – Schwarze Löcher von der millionenfachen Masse der Sonne. In der Frühzeit des Universums gibt es im Kern einer solchen Galaxie genügend Sterne, Gas und Staub, die von dem Schwarzen Loch eingefangen werden. Dabei entsteht eine helleuchtende Akkretionsscheibe um das Schwarze Loch – der Quasar. In späteren Zeiten wird die Materieversorgung immer geringer, das Schwarze Loch «verhungert» sozusagen, der Quasar wird immer lichtschwächer.

In unserer Milchstraße gibt es eventuell auch ein solch massives Schwarzes Loch, aus dessen Umgebung kaum noch Strahlung zu uns dringt. Die Masse dieses mysteriösen Objekts, das exakt im Zentrum der Milchstraße sitzt, ist aber noch sehr umstritten, ebenso ist das Strahlungsspektrum, das von dort nach außen dringt, für die einen ein klarer Beweis für ein Schwarzes Loch, für die anderen lediglich Beleg für einen ungewöhnlichen scheibenförmigen Stern. Übergangsobjekte sind die sogenannten Seyfert-Galaxien, normale Spiralgalaxien mit ungewöhnlich hellen Kernen. Es gab schon in den vergangenen Jahren Bestrebungen,

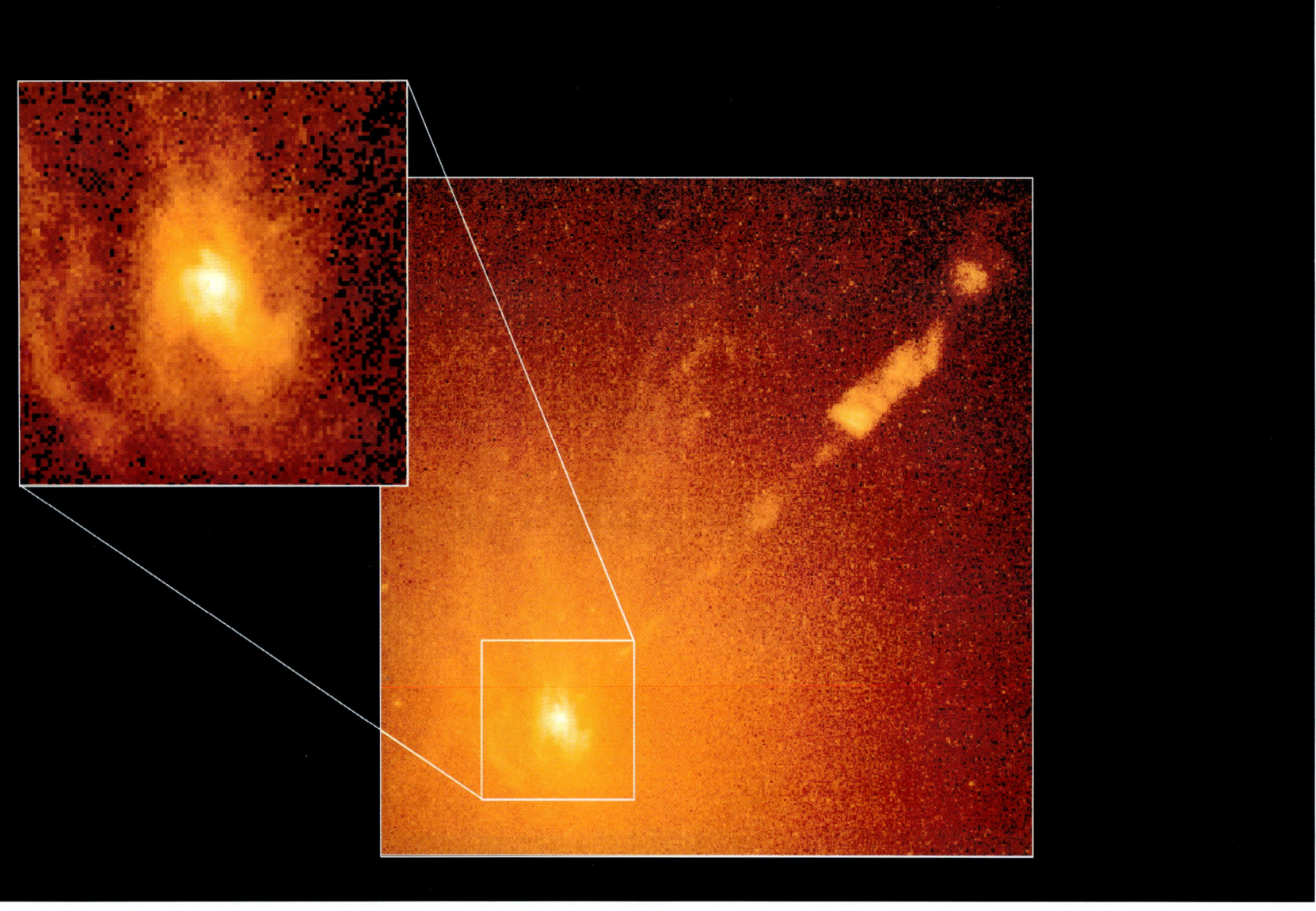

die nur ganz schwach leuchtenden, wenig ausgedehnten Galaxien, die die hellen Quasare umgeben sollten, zu photographieren, aber durch die Luftunruhe und den starken Kontrast waren solche Beobachtungen schwierig und nur wenig überzeugend. Erst der Einsatz von Hubble liefert gute Bilder von Quasaren. Wird unsere Vorstellung, daß Quasare die Zentralobjekte normaler Galaxien sind, durch diese bestätigt? Können gar Beweise für die Existenz von Schwarzen Löchern gefunden werden?

Bevor wir uns den Hubble-Beobachtungen von Quasaren zuwenden, wollen wir uns zunächst mit Bildern ak-

tiver Galaxien beschäftigen. Die elliptische Riesengalaxie M 87 ist das hellste Objekt im Virgohaufen, dem Galaxienhaufen im Sternbild Jungfrau,, der in einer Entfernung von etwa 50 Millionen Lichtjahren liegt. Schon seit langem kennt man den Strahl sehr schneller Elektronen und Positronen, ein «Jet», der aus dem Kerngebiet dringt, und der im Bild oben rechts sehr detailliert zu sehen ist. Doch über die Natur des hellen Galaxienkernes war man sich lange Zeit nicht im klaren. Man vermutet, daß es auch hier ein massereiches Schwarzes Loch gibt, eine «Maschine», die für den hellen Kern und den Ausstoß des Jets verantwortlich ist. Mit Hilfe

Die aktive Galaxie M 87, komplett mit einem nahezu lichtschnellen Jet aus Elektronen und Positronen und einer zentralen Gasscheibe. Versteckt sich hier ein supermassives Schwarzes Loch (Quelle: H. Ford et al. und NASA)?

der Aufnahmen Hubbles konnte das Zentralgebiet genauer untersucht werden. Man erkennt eine spiralförmige Wolke um den Kern, die aus Gas besteht (Ausschnitt links). Dieses Gas sendet Emissionslinien aus, aus deren Wellenlängenverschiebungen, verursacht durch den Dopplereffekt, die Geschwindigkeit des Gases berechnet werden kann. Das Gas in der Scheibe umkreist den Kern mit einer Geschwindigkeit von 550 Kilometer in der Sekunde; aus der Größe der Scheibe und der Umlaufzeit kann man die Masse des zentralen Objekts berechnen. Ein aus Sternen zusammengesetztes Zentrum könnte kaum eine solche Gravitationswirkung ausüben und böte auch einen anderen Anblick. Damit scheint die Vermutung, daß sich im Zentrum von M 87 ein supermassives Schwarzes Loch mit einer Masse von mehreren Milliarden Sonnenmassen befindet, am besten die beobachteten Phänomene zu erklären.

Die elliptische Riesengalaxie NGC 4261 ist eine der hellsten Galaxien des Virgohaufens. Im sichtbaren Licht erscheint die Galaxie als nebliges Scheibchen, das aus vielen hundert Milliarden Sternen besteht. In der Abbildung ist der Kern von NGC 4261 zu sehen: Eine riesige Scheibe aus Gas und Staub «füttert» ein (angenommenes) zentrales Schwarzes Loch. Diese Scheibe hat eine Ausdehnung von 300 Lichtjahren und eine Neigung von etwa 60 Grad, so daß wir in das Zentrum der Scheibe sehen können, wo ein heller Kern zu sehen ist: die unmittelbare Nachbarschaft des Schwarzen Loches. Senkrecht zur Scheibe wird heißes Gas aus der Nachbarschaft des Schwarzen Loches ausgestoßen, das schließlich zur Entstehung der Radiojets führt.

Die balkenspiralige Seyfert-Galaxie NGC 5728, die sich in einer Entfernung von 125 Millionen Lichtjahren im Sternbild Waage befindet, zeigt in ihrem Kern einen bemerkenswerten doppelten Lichtkegel. Hier ist die undurchsichtige Scheibe so geneigt, daß das zentrale Objekt in ihr verborgen ist. Man erkennt nur die über und unter der Scheibe liegende Materie, die durch die von dem zentralen Objekt ausgehende, energiereiche Strahlung zum Leuchten angeregt wird.

Die Galaxie NGC 1068 ist der Prototyp einer Objektklasse, die als Seyfert-2-Galaxien bekannt ist. Solche Galaxien haben sehr helle Kerne, die mit einer Leuchtkraft von einer Milliarde Sonnen strahlen. Die Helligkeit des Kerns variiert mit Zeitskalen von wenigen Tagen, was darauf hindeutet, daß die abgestrahlte Energie in einer Region erzeugt wird, die eine Ausdehnung von nur wenigen Lichttagen hat – kaum größer als unser Sonnensystem. Nur ein Schwarzes Loch mit einer Masse von 100 Millionen Sonnenmassen, das Material aus der Nachbarschaft einfängt, scheint als Energielieferant in Frage zu kommen. Im Falle von NGC 1068 hatten frühere Beobachtungen des Weltraumteleskops eine Anzahl heißer Gaswolken erkennen lassen, die durch die energiereiche Strahlung der zentralen Quelle aufgeheizt werden. Die neuen Beobachtungen, die mit Hilfe der Faint Object Camera und dem COSTAR-Korrektor vorgenommen wurden, zeigen ein ausgedehnteres Emissionsgebiet, das durch die Strahlung von dem zentralen Objekt zum Leuchten gebracht wird, in das bisher unbekannte und unerwartete fadenförmige Strukturen eingelagert sind.

Viel weiter entfernt sind die wesentlich leuchtkräftigeren Quasare, und deshalb ist es viel schwieriger, die nahe

Linke Seite:
Hat Hubble ein Schwarzes
Loch erwischt? Für viele
Astronauten verbirgt sich
hinter der dunklen Gas- und
Staubscheibe im Zentrum der
Galaxie NGC 4261 ein solches
Ungeheuer (Quelle: W. Jaffe, H.
Ford und NASA)!

Die Seyfert-Galaxie NGC 5728
und ihr interessantes Zentrum:
Offenbar gibt es auch hier
einen dunklen Ring um die
«Zentrale Maschine», links die
ganze Galaxie, im Ausschnitt
rechts erkennt man die
Kernregion und «Lichtkegel»
(Quellen: A. Sandage / A.
Wilson et al. und NASA).

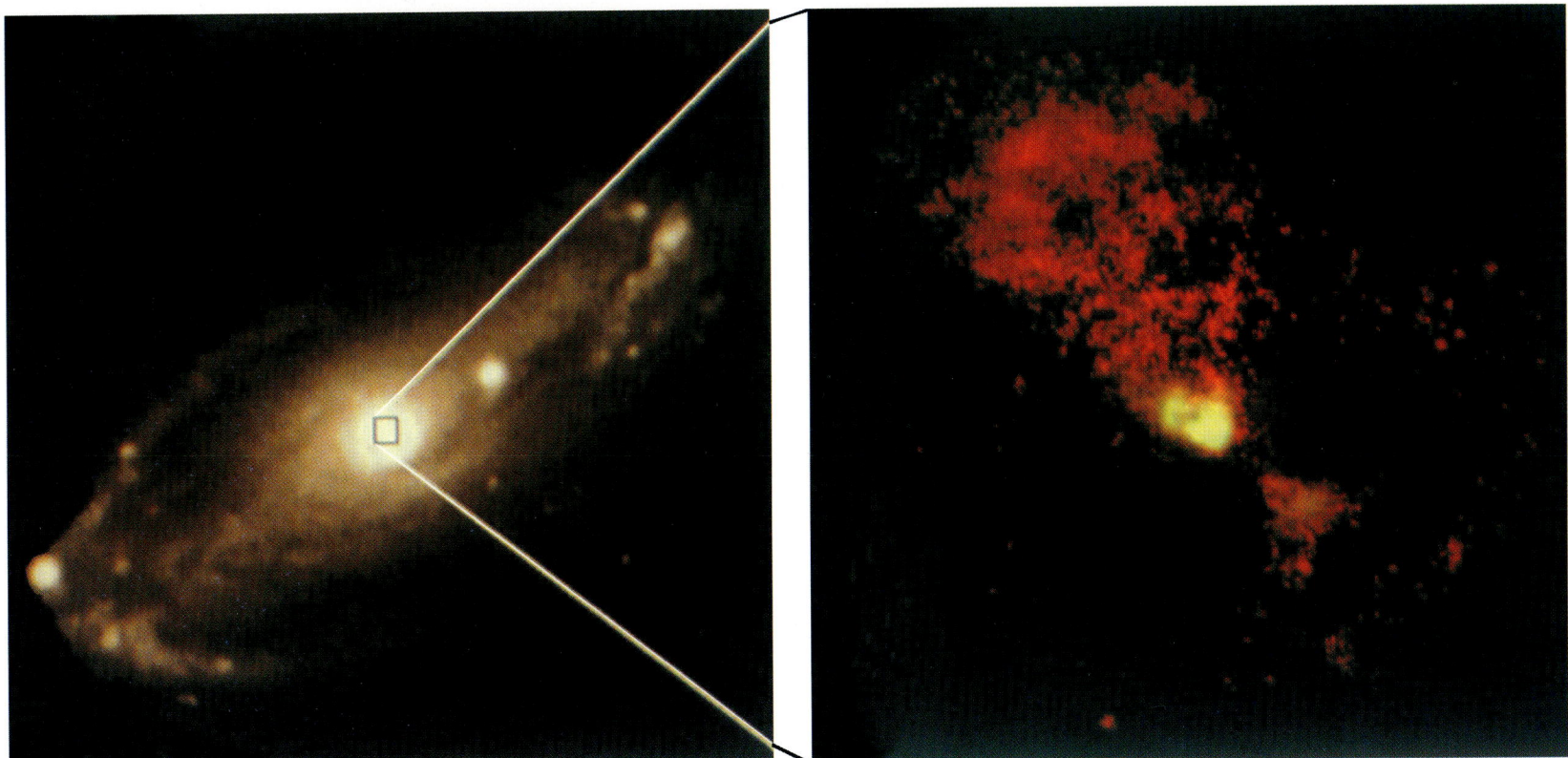

Umgebung solcher Quasare zu erforschen. Für Hubble stellt dies allerdings kein großes Problem mehr dar. Die Ergebnisse waren überraschend.

Die Abbildung zeigt den Quasar 1229+204, der im Kern einer Balkenspirale liegt. Diese Galaxie erfährt gerade eine Kollision mit einer Zwerggalaxie, was sowohl zu einer erhöhten Sternentstehungsaktivität wie auch zu einer besseren Versorgung des Quasars mit «Brennmaterial» führt. Deutlich erkennbar ist die ausgedehnte blaue Region auf der einen Seite. Sie setzt sich wahrscheinlich aus massereichen jungen Sternhaufen zusammen, die aufgrund der Kollision mit der Zwerggalaxie entstanden sind. Schalenförmi-

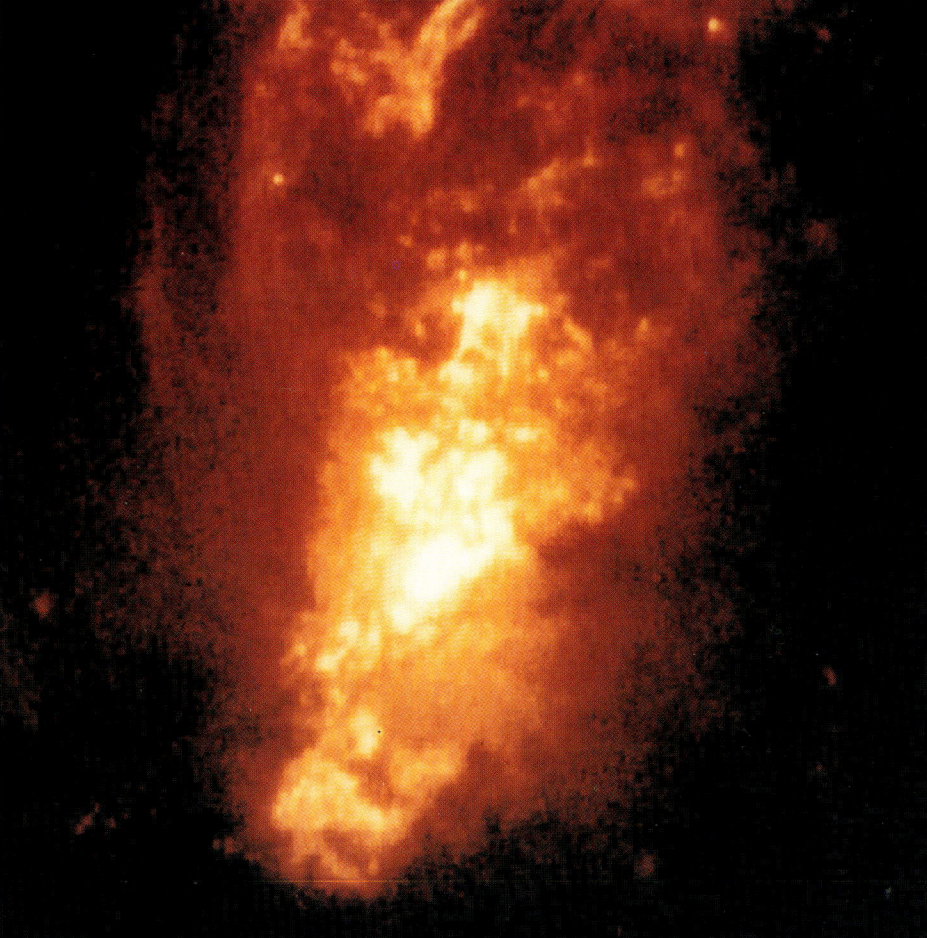

ge Strukturen entlang des Balkens sind möglicherweise auf Gezeiteneffekte zwischen der Spirale und diesem Begleiter zurückzuführen.

Bislang war man davon ausgegangen, daß Quasare stets in den Zentren sehr heller «Gastgalaxien» zu finden sind und dort die Sterne und das Gas verschlingen, das in ihre Nähe gelangt. Die neuen Hubble-Beobachtungen haben gezeigt, daß solche Konfigurationen die Ausnahme sind: Bei den ersten acht Quasaren, die mit dem nachgebesserten Hubble angeschaut wurden, war keine «Gastgeber-Galaxie» zu finden; von 15 insgesamt untersuchten waren nur vier von schwachen Galaxien umgeben. Keine einzige war so auffällig, wie man erwartet hatte: Entweder sind die «Gastgebergalaxien» sehr viel schwächer als vorher angenommen, oder die Quasare befinden sich als Einzelobjekte in der Nähe von Galaxien, die in ein paar Millionen Jahren mit ihnen kollidieren werden. In beiden Fällen ist das «Füttern» des Quasars mit genügend Gas und Sternen nicht gewährleistet – entweder müssen sich die Theoretiker ein neues Quasarmodell basteln, oder die Vorstellung eines für einige hundert Millionen Jahre einigermaßen beständig leuchtenden Quasars mit stetigem Brennstoffnachschub ist revisionsbedürftig. Der in der Wissenschaft häufig anzutreffende Effekt ist eingetreten: Genaueres Hinschauen macht die Sache viel komplizierter, als man es sich früher vorgestellt hatte!

Oben:
Die Kernregion der Seyfert-2-Galaxie NGC 1068 (Quelle: D. Macchetto et al. und ESA).

Unten:
Hier stimmt das Standardbild einmal: Ein Quasar (QSO1229+204) sitzt in einer schwachen «Gastgeber-Galaxie» (Quelle: J. Hutchings und NASA).

Anlaß zu vielen Spekulationen: der geheimnisvolle Kern von M 31 (Quelle: T. Lauer & NASA).

Geheimnisvolle Galaxien

Dies gilt ebenso für den geheimnisvollen Doppelkern der Andromeda-Galaxie: Sie ist die nächstgelegene große Spiralgalaxie, eigentlich ein Spiegelbild unserer eigenen Milchstraße und in jeder Beziehung «normal» – dachte man, bis Hubble 1993 die Kernregion des Andromedanebels (M 31) in hoher Vergrößerung aufnahm. Jetzt wurde klar, daß es hier zwei helle Stellen mit 5 Lichtjahren Abstand voneinander gibt – und das Massenzentrum, um das alle Sterne rotieren, ist nicht etwa der hellere, sondern der viel schwächere der beiden Flecken! Zwar gibt es inzwischen viele Ideen, wie das Rätsel zu lösen ist, aber eine wirklich befriedigende Antwort steht noch aus. So wird spekuliert, daß M 31 vor kurzem eine andere Galaxie verschluckt haben könnte oder daß ein dichter Staubstreifen die Doppelnatur des Kerns nur vortäuscht. Möglicherweise erzeugt eine asymmetrische Scheibe um den wahren Kern von M 31 den zweiten Lichtflecken.

Wer hat die Galaxie M 51 «angekreuzt»? Immer, wenn Hubble die Kernregionen von Galaxien mit höherer Auflösung betrachtete, als sie vom Erdboden aus möglich war, stellten sich Überraschungen ein: Die nahe gelegene Spiralgalaxie M 51 offenbarte zum Beispiel dieses mysteriöse Kreuz, das genau die Lage des Zentrums markiert. Der dunklere Balken ist vermutlich ein Staubring um die «Zentrale Maschine», den wir genau von der Seite sehen und der das Geschehen in den innersten Lichtjahren verdeckt. Nur nach oben und unten kann Strahlung entweichen. Doch der zweite Balken entzieht sich jedem Verständnis: Noch eine Scheibe? Wieso zerstören sich die beiden dann nicht gegenseitig?

Eines jedenfalls ist klar: Hubble hat gezeigt, daß Galaxienkerne sehr viel merkwürdigere Landschaften sind, als die Astrophysiker glaubten. Ist auch die Existenz von Schwarzen Löchern durch die Bilder Hubbles noch wahrscheinlicher geworden – ein «Beweis» fehlt noch immer! – , so hat das Weltraumteleskop doch neue Rätsel im Zusammenhang mit Quasaren und Galaxienkernen aufgeworfen.

Rätselhafte Balken durch-
ziehen die Spiralgalaxie M51
(Quelle: NASA).

Große und kleine Leuchten – die Welt der Sterne

Wenn wir einem Zauberer zusehen, sind wir immer wieder verblüfft und begeistert von seinen Tricks und staunen über die Kaninchen, Tauben und Blumensträuße, die wie selbstverständlich aus Hut oder Jacke hervorgeholt werden. Doch was die Natur aus ihrem Hut zaubert, sprengt jedes Vorstellungsvermögen. Aus den denkbar einfachsten Zutaten, den chemischen Elementen Wasserstoff und Helium, bringt sie die mannigfaltigsten Gebilde hervor – Nebel, Sterne, Sternsysteme. Und natürlich sind nicht alle Sterne gleich. Vor allem dann, wenn man ihnen Zeit gibt, sich zu entwickeln, erscheinen sie in der allergrößten Vielfalt: Es gibt Sterne, die kleiner sind als die Erde, und es gibt Sterne, die viele hundertmal größer sind als die Sonne. Es gibt Sterne, die fast so alt sind wie das Universum, und es gibt Sterne, die jünger sind als die Menschheit. Sie sind entweder «Singles» oder Doppelsterne, sie finden sich zu Großfamilien – den Sternhaufen – zusammen, sie können als Rote Riesen, Weiße Zwerge, Neutronensterne oder Schwarze Löcher auftreten. Sie können pulsieren, plötzlich explodieren oder flackern wie eine defekte Leuchtstoffröhre. Allein unsere Milchstraße wird von 200 Milliarden Sternen bevölkert – mehr Sternen, als es Menschen auf der Erde gibt. Es versteht sich von selbst, daß ihre Erforschung zu den interessantesten Aufgaben von Hubble gehört.

Die massereichsten Sterne

Für uns Erdbewohner ist von allen Sternen natürlich einer von herausragender Bedeutung: die Sonne. Sie ist der erdnächste Stern, sie wird von der Erde und allen anderen Planeten umkreist, und ohne ihr Licht, das sie seit fünf Milliar-den Jahren der Erde spendet, hätte sich kein Leben auf unserem Planeten entwickeln können. Doch mag sie auch für uns der Mittelpunkt sein – für die Astronomen ist sie nichts anderes als ein ganz gewöhnlicher Stern in irgendeiner nicht besonders interessanten Gegend der Milchstraße.

Bei den Sternen ist es so wie bei den Menschen: Es gibt extrem große und schwere, und es gibt sehr kleine und leichte. Für die Wissenschaft sind beide Extreme interessant – die Zwerge und die Riesen am Himmel. Die Sonne ist mit ihrer Masse von $2 \cdot 10^{30}$ kg (eine 2 mit 30 Nullen, entsprechend mehr als 300'000 Erdmassen) und ihrem Durchmesser von 1.4 Millionen Kilometern (entsprechend 109 Erddurchmessern) trotz ihrer imponierenden Ausmaße ein «Durchschnittsstern». Denn die massereichsten Sterne besitzen etwa 100 Sonnenmassen, die masseärmsten dagegen nur etwa 1/10 der Sonnenmasse. Da massereiche Sterne wesentlich rascher ihren Kernbrennstoff aufzehren als die Sonne, können sie nur wenige Millionen Jahre ihr Licht in den Weltraum strahlen – wenn ihr Inneres sich in Eisen verwandelt hat, brechen sie regelrecht zusammen, sie kollabieren und leuchten dabei ein letztes Mal als Supernovae auf. Kurzlebige, massereiche Sterne sind sehr seltene Bewohner des Weltraums – man findet sie ausschließlich in Gebieten mit dichter interstellarer Materie, in jungen Sternhaufen, die teilweise noch in leuchtende Nebel eingehüllt sind, weil sie keine Zeit hatten, sich sehr weit von ihren Geburtsstätten zu entfernen.

Ein Objekt, das den Astronomen lange Zeit Rätsel aufgab, ist R 136, ein heller Lichtklecks in einem Sternhaufen der Großen Magellanschen Wolke. Man kennt die Entfernung dieses Objekts sehr gut und kann damit auch seine

Leuchtkraft, seine Energieabgabe in den Weltraum berechnen. Eine Überlegung, wie massiv ein solcher Stern sein muß, um nicht von seiner eigenen Strahlung in Stücke gerissen zu werden, führte auf eine Masse von einigen hundert Sonnenmassen! Ist dieses Monster möglicherweise der massereichste Stern?

Schon vor dem Start des Weltraumteleskops gab es Anzeichen, daß es sich bei R 136 nicht um einen Einzelstern, sondern um einen dichtgepackten Haufen heller, aber nicht extrem massereicher Sterne handeln könnte – ein Fall für Hubble. Eine der ersten Aufnahmen zeigte denn auch, daß es sich in der Tat um einen kompakten Sternhaufen handelt. Die besten Aufnahmen machen deutlich, daß R 136 eine Ansammlung von mehr als 3000 Sternen darstellt.

Dieser kompakte Sternhaufen R 136 liegt in einem Sternentstehungsgebiet, einer H II-Region, die als 30 Doradus bezeichnet wird. Alle hier sichtbaren Sterne und Gaswolken sind Teil der Großen Magellanschen Wolke, dem nächsten Nachbarn unserer Milchstraße. Das Licht benötigt 160'000 Jahre, um von diesen Sternen zu uns zu gelangen.

Wenn 30 Doradus auch relativ klein erscheinen mag, ist zu bedenken, daß diese Ansammlung von sich bildenden, gerade entstandenen und teilweise schon wieder fast ausgebrannten Sternen viele hundert Male weiter entfernt ist als die uns am hellsten erscheinende H II-Region, der große Orionnebel. Während dieser nur von einer Handvoll von Sternen zum Leuchten angeregt wird, sind es in 30 Doradus viele hundert Sterne, die genügend energiereiche Strahlung aussenden.

Irdische Teleskope sind in der Lage, in 30 Doradus Details zu erkennen, die etwa 200 Lichttage ausgedehnt sind.

Der 30-Doradus-Nebel, ein spektakuläres Sternentstehungsgebiet in der Großen Magellanschen Wolke, einer Nachbargalaxie unserer Milchstraße. Links erkennen wir das komplette Mosaik des Nebels; vergrößert ist der kompakte Sternhaufen R 136 zu erkennen, den Hubble in über 3000 Sterne auflöst. Eine Vergrößerung davon wiederum läßt die hellsten Sterne der Zentralregion dieses Sternhaufens (R 136a) erkennen (Quellen: NASA Goddard Space Flight Center).

Hubble sieht Einzelheiten mit einer Auflösung von 25 Lichttagen – zum Vergleich: Der Durchmesser des Sonnensystems beträgt einen halben Lichttag, während der uns am nächsten liegende Fixstern, Alpha Centauri, in einer Entfernung von 4.3 Lichtjahren liegt.

Theoretische Rechnungen zeigen, daß die maximale Masse stabiler leuchtender Sterne, die wie unsere Sonne leichte Elemente zu schwereren verbrennen und dadurch ihre Strahlungsenergie gewinnen, etwa 100 Sonnenmassen betragen kann – aber Theorien müssen immer durch Beobachtungen getestet werden. R 136 ist, das wissen wir heute, kein Objekt, das unsere Theorien widerlegt. Und bisher scheint noch kein massereicherer Stern entdeckt worden zu sein, weder im Sternhaufen R 136 noch anderswo.

Die masseärmsten Sterne

Doch wie sieht es am unteren Ende der Skala aus? Wir wissen, daß massearme Sterne auch kühle Sterne sind: Die nur sehr langsam ablaufenden Kernprozesse heizen die Sternoberfläche auf wenige 1000 Grad auf. Man nennt diese Sterne auch M-Zwerge. Wegen ihrer geringen Leuchtkraft kann man sie nur in unmittelbarer Nachbarschaft der Sonne entdecken.

Einer der schwächsten Sterne ist Gliese 752, ein Doppelstern in einer Entfernung von 19 Lichtjahren im Sternbild Adler. Die hellere Komponente, Gliese 752A, ist ein roter Zwergstern mit einer Masse von 0.3 Sonnenmassen. Sein schwächerer Begleiter, Gliese 752B, hat nur etwa 9 Prozent der Sonnenmasse und ist somit kleiner als der Planet Jupiter. Die theoretische Grenze selbstleuchtender Sterne wird bei

etwa 8 Prozent der Sonnenmasse vermutet. Der Planet Jupiter, der massereichste Planet unseres Sonnensystems, hat eine Masse von ein Promille der Sonnenmasse – in seinem Inneren können keine für Sterne typischen Kernreaktionen ablaufen, er bleibt kühl und strahlt praktisch nur das von der Sonne reflektierte Licht zu uns. Zwischen den masseärmsten Sternen und Planeten wie Jupiter liegen die «Braunen Zwerge»: Materieansammlungen, deren Masse nicht ausreicht, um im Inneren das atomare Feuer zu entfachen. Wieviele Braune Zwerge gibt es? Wir wissen es nicht, da ihre Beobachtung sehr schwierig ist. Warum sind sie von Bedeutung? Nun – sie sind trotz ihrer Kleinheit von großer Wichtigkeit für die Struktur des Universums. Wenn es sie nämlich in sehr großer Zahl geben sollte, könnten sie zur Erklärung der Materiemenge beitragen, die für die Dichte des Universums vonnöten ist. Diese «Dunkle Materie», nach der die Kosmologen eifrig fahnden, kann vielleicht in Form solcher «Brauner Zwerge» oder «Jupiters» das Universum erfüllen. Jedenfalls sind auch hier die Dienste von Hubble gefordert, um unsere Kenntnisse zu verbessern.

Massearme Sterne zeigen seltsame Phänomene: ein kurzzeitiges Aufleuchten, das durch die Freisetzung aufgestauter magnetischer Energie verursacht wird. Diese sogenannten «stellaren Flares» treten bei allen kühlen Sternen auf: Man kann sie im Detail auf der Sonne beobachten, bei den Sternen der Sonnenumgebung und bei schwachen Sternen in jungen Sternhaufen. Je schwächer der Stern selbst leuchtet, um so spektakulärer erscheint das Aufleuchten eines solchen Flares.

Ein derartiger Flare wurde am 12. Oktober 1994 auch auf dem Stern Gliese 752B beobachtet. Eine einstündige Beobachtung des ultravioletten Spektrums zeigte während der ersten 55 Minuten kein nennenswertes Signal. In den letzten fünf Minuten flammte ein Flare auf, der Teile der äußeren Schichten des Sterns auf eine Temperatur von 150'000 Grad Celsius aufheizte. Flares auf extrem massearmen Sternen sind bemerkenswert, denn sie zeigen, daß auch bei diesen die gleichen Phänomene auftreten wie beispielsweise auf der Sonne. Unbeantwortet bleibt jedoch die Frage, ob Flares auch auf Braunen Zwergen auftreten können und uns so Hinweise auf ihre Existenz geben können.

Ein weiterer massearmer Stern ist Gliese 623, der sich in einer Entfernung von 25 Lichtjahren befindet: Auch hier handelt es sich um einen Doppelstern, aber die massearme Komponente konnte noch nie in einem irdischen Teleskop beobachtet werden. Die Bewegung der helleren Komponente um den gemeinsamen Schwerpunkt verursacht ein kaum merkliches, periodisches Hin- und Herschwanken am Himmel, das den Astronomen einen Hinweis auf die Existenz des massearmen Begleiters gab. Die Umlaufzeit um den gemeinsamen Schwerpunkt beträgt vier Jahre, der Abstand der beiden Sterne ist doppelt so groß wie die Entfernung Erde – Sonne.

Mit Hubble konnte der schwache Begleiter zum ersten Mal sichtbar gemacht werden, und somit ist eine Temperatur-, Helligkeits- und Massenbestimmung möglich geworden, die unsere Kenntnis der massearmen Sterne verbessern wird. Er ist nur ein Zehntel so schwer wie die Sonne und strahlt nur ein 60'000stel des Lichtes ab, das die Sonne aussendet. Würde er die Stelle der Sonne einnehmen, so wären unsere Tage kaum heller als eine Vollmondnacht.

Familien und Großfamilien von Sternen: die offenen und die Kugelsternhaufen

Sterne sind nur in seltenen Fällen Einzelkinder. Wir vermuten, daß die meisten, wie auch unsere Sonne, in Gruppen entstehen, in offenen Sternhaufen, die sich im Laufe von Jahrmilliarden allerdings wieder auflösen: Sie verlieren immer mehr Sterne, die dann ihre eigenen Bahnen ziehen und so zum Beispiel die ausgedehnte, abgeplattete Scheibe unserer Milchstraße bilden.

Sind die Sternhaufen jedoch kompakter und massereicher, so ist ihre Lebensdauer länger. In den ältesten von ihnen findet man Sterne, die zehn oder mehr Milliarden Jahre alt sind. Diese Objekte entstanden, als das Weltall noch relativ jung war, als die interstellaren Wolken, aus denen sich diese Sterne bildeten, sich noch nicht mit dem «Sternenstaub» vergangener Sterngenerationen angereichert hatten: diese massereichen «Kugelsternhaufen» unserer Milchstraße setzen sich aus alten, metallarmen Sternen zusammen. Aus den Helligkeiten der Sterne solcher Haufen kann man durch Vergleich mit Modellrechnungen ihr Alter und somit das Alter des ganzen Haufens bestimmen. Man findet, daß es in der Milchstraße alte und junge offene Sternhaufen gibt, aber – mit einer bestimmten Streuung – nur alte Kugelhaufen.

Unklar ist, ob die Milchstraße aus solchen Kugelhaufen-«Bausteinen» entstand und die jetzt beobachtbaren Haufen nur das übriggebliebene Baumaterial darstellen oder ob sich die alten Teile der Milchstraße – der Halo und das den Kern umgebende ausgedehnte Zentralgebiet – und die Kugelhaufen zusammen bildeten. Beide, die alten Teile der Milchstraße und die Kugelhaufen, besitzen ein Alter von

Gliese 623b, eine der kleinsten Leuchten im Universum mit einem Zehntel der Masse unserer Sonne und nur 1/60'000 ihrer Leuchtkraft. Auf dieser Aufnahme ist er, durch einen Pfeil markiert, dicht neben dem massereicheren Stern, den er in 200 Millionen Kilometer Distanz umkreist (Quelle: C. Barbieri et al. und NASA/ESA).

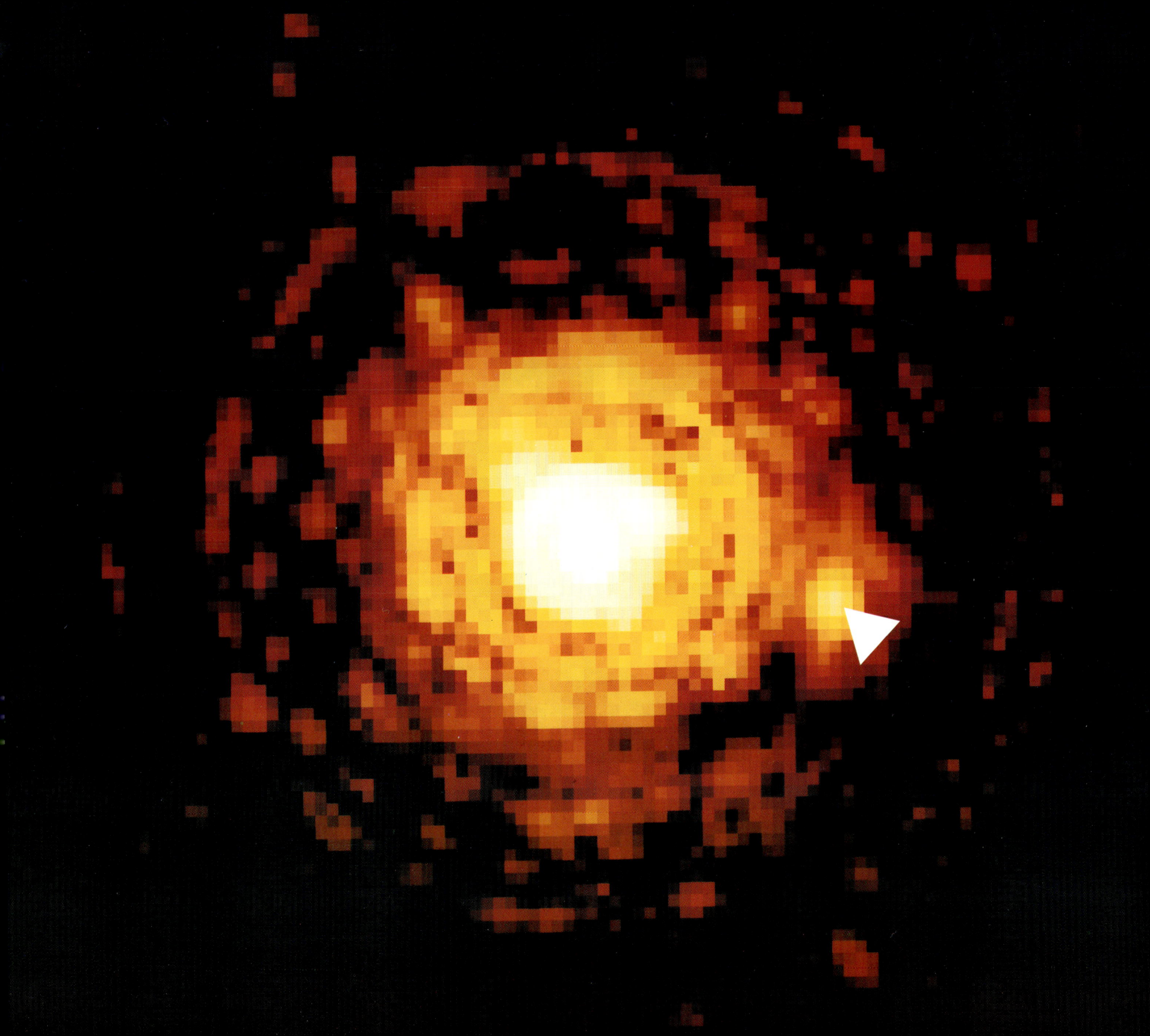

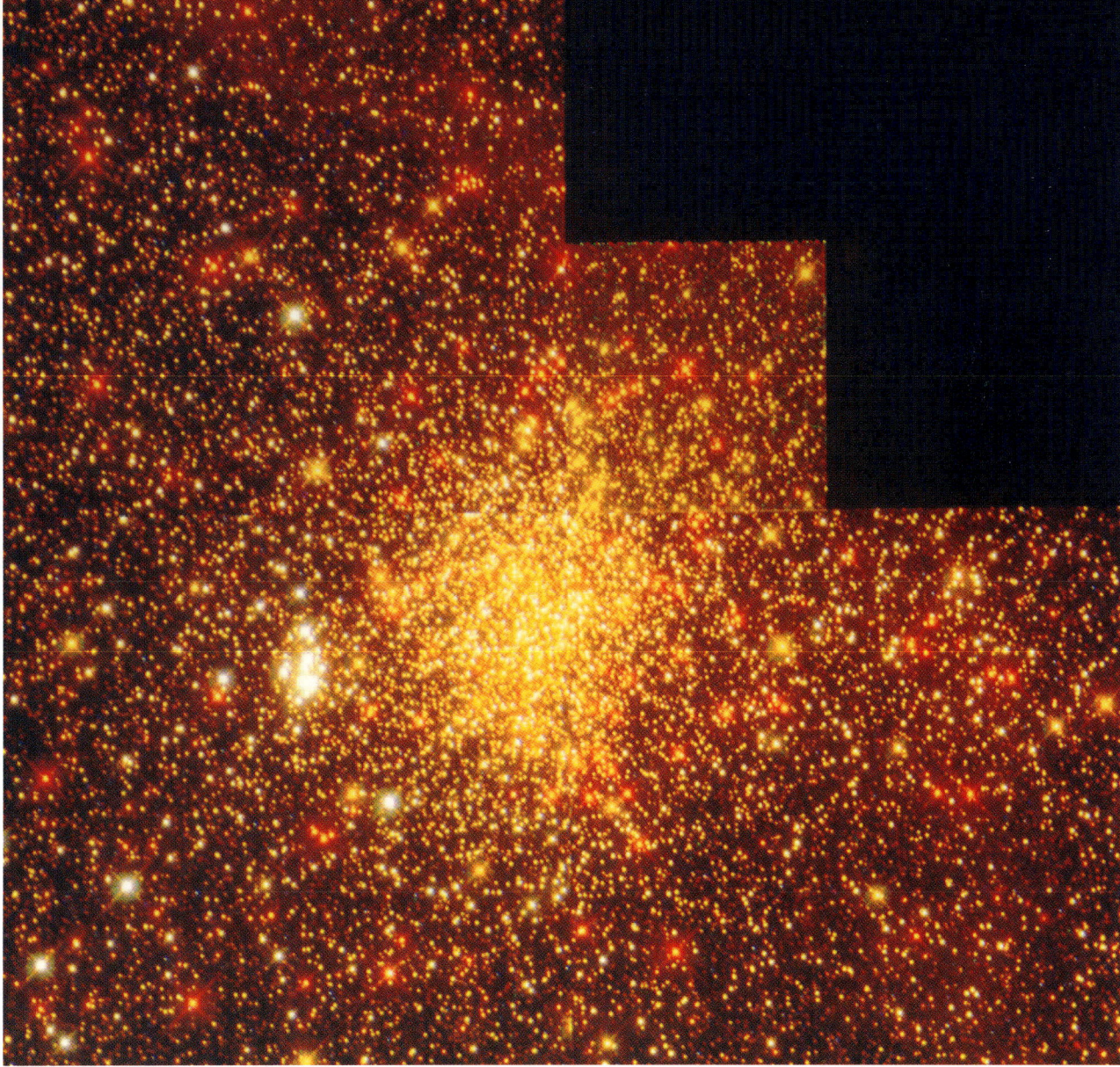

Linke Seite: Heiße, blaue Sterne im Kern des Kugelsternhaufens M 15, wie sie bis jetzt nicht bekannt waren (Quelle: G. de Marchi/F. Paresce & NASA/ESA).

Zwei Sternhaufen in der Großen Magellanschen Wolke, die Hubble in einzelne Sterne auflöst. Der dominante gelbliche Sternhaufen ist NGC 1850 (Quelle: R. Gilmozzi et al. & NASA).

etwa 15 Milliarden Jahren. Gibt es auch junge Kugelhaufen? Ja, aber nicht in unserer Milchstraße. Eine lohnende Aufgabe für Hubble ist also, die Situation in Sternsystemen zu untersuchen, die noch ein vergleichsweise jugendliches Alter aufweisen, die aber auch Kugelsternhaufen enthalten, wie die Magellanschen Wolken.

Eine bis jetzt unbekannte Art extrem blauer Sterne konnte Hubble im Kugelsternhaufen M 15 aufspüren. Im Kern dieser dichten Sternansammlung ist die Dichte so hoch, daß sich die Sterne gegenseitig ihre dünnen Hüllen entreißen, auch von «stellarem Kannibalismus» ist in diesem Zusammenhang die Rede. Die 15 blauen heißen Sterne, die Hubble sichtete, sind praktisch nur noch ihre eigenen Kerne.

Trotz einer Entfernung von 166'000 Lichtjahren ist es für das reparierte Hubble-Teleskop kein Problem mehr,

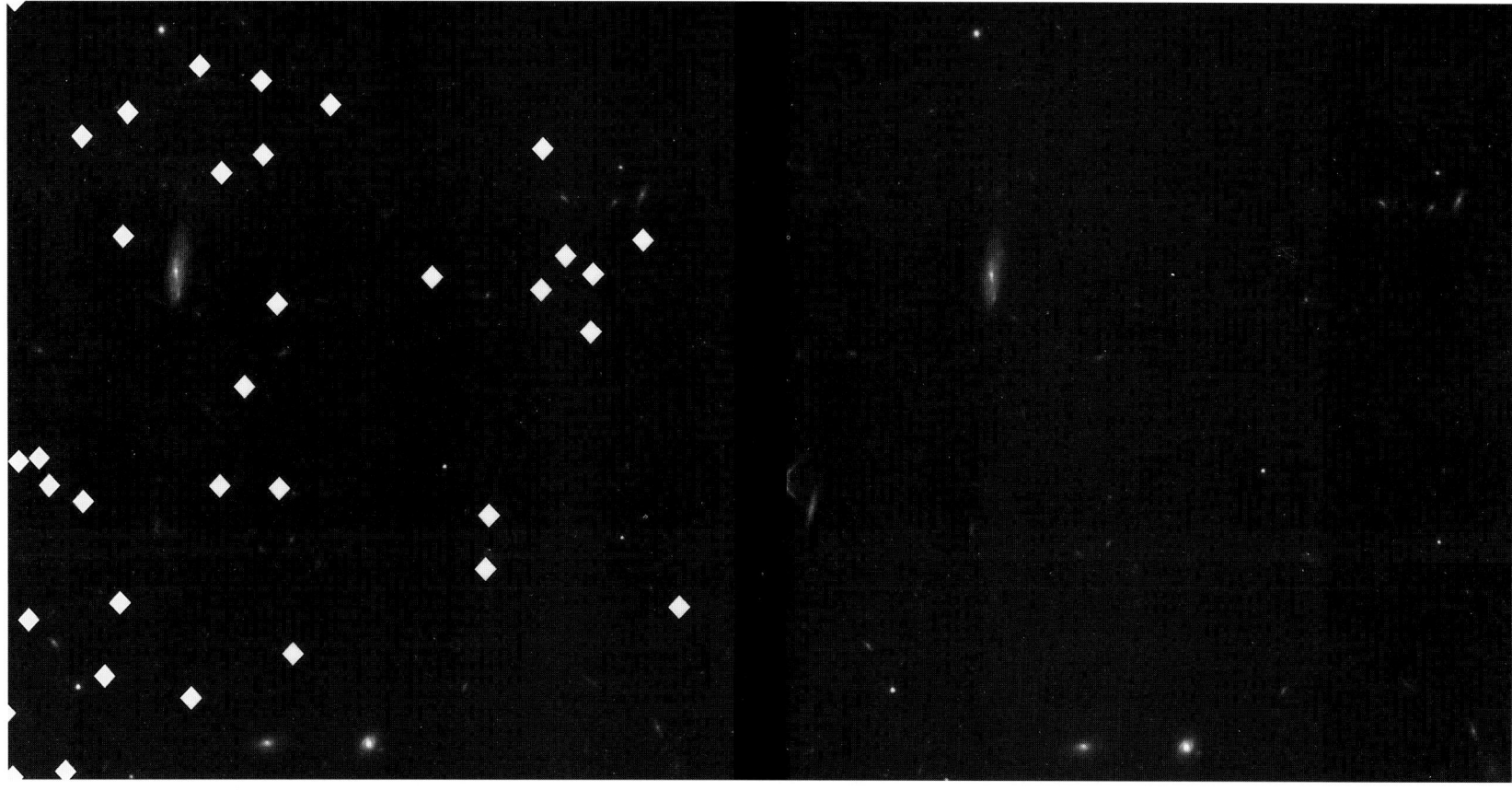

zwei Sternhaufen in der Großen Magellanschen Wolke in ihre einzelnen Sterne aufzulösen und sichtbar zu machen, daß hier nicht einer, sondern sogar zwei Haufen existieren, die entlang der Sichtlinie hintereinander stehen. Etwa 60 Prozent der Sterne gehören zu dem dominanten gelblichen Sternhaufen NGC 1850, der etwa 50 Millionen Jahre alt ist, aber die verstreuten weißen Sterne gehören zu einem nur 4 Millionen Jahre alten Sternhaufen, etwa 200 Lichtjahre weiter hinten. Möglicherweise haben Supernovaexplosionen in dem älteren Haufen mit dazu beigetragen, daß sich der junge Haufen aus einer Gaswolke bilden konnte.

Das Farbbild auf S. 99 ist aus drei Aufnahmen in unterschiedlichen Wellenlängenbereichen zusammengesetzt: Gelbe Sterne entsprechen «normalen» Sternen (den sogenannten Hauptreihensternen) mit Oberflächentemperaturen von etwa 6000 Grad, die unserer Sonne ähneln, rote Sterne sind kühle Riesen und Überriesen mit Temperaturen von 3500 Grad, und weiße Sterne sind heiße junge Sterne mit Temperaturen von 25'000 Grad und mehr.

Zu berichten ist schließlich auch noch von Abertausenden von Sternen, die Hubble trotz intensiver Suche *nicht* gefunden hat. Nach den gängigen Theorien der Sternentstehung müßte die Milchstraße voll von Roten Zwergen sein, sehr kleinen und kühlen Sternen, die eben noch in der Lage sind, durch Kernbrennen etwas Energie zu erzeugen. Diese Population extrem lichtschwacher Sterne galt als mögliche Erklärung für eines der großen Rätsel der modernen Astrophysik: Warum rotiert der Außenbereich unserer Milchstraße (und auch vieler anderer Galaxien) schneller, als

Ein beliebiges Stück des Himmels, 1.5 Bogenminuten groß – und überraschend arm an schwachen Sternen! So viele, wie links hinzumontiert worden sind, waren erwartet worden. Ihre Abwesenheit bedeutet: Schwache rote Sterne stellen keine gangbare Erklärung für die Dunkle Materie in unserer Galaxie dar (Quelle: J. Bahcall und NASA).

nach den Keplerschen Gesetzen der klassischen Himmelsmechanik zu erwarten wäre? Sieht man von der exotischen Deutung ab, eben diese Gesetze seien unvollständig, so bleibt nur die Hypothese, daß eine Art Dunkler Materie in den Außenbezirken der Galaxis zusätzliche Masse versteckt, und die postulierten Roten Zwerge wären ein idealer Kandidat gewesen. Hubble hätte sie nach seiner Optikschärfung sehen müssen – aber sie waren nicht da! Die Bilder zeigen rechts ein typisches Himmelsfeld, wie es sich dem Weltraumteleskop tatsächlich darbietet, und links, wie viele Rote Zwerge eigentlich zu sehen sein sollten. Offensichtlich lehnt es die Natur ab, unterhalb von einem Fünftel der Masse unserer Sonne überhaupt noch Sterne zu bilden. Die Stellartheoretiker müssen umdenken, und die Jäger der Dunklen Materie müssen nach neuen Kandidaten Ausschau halten!

Gas und Staub: Von Leben und Tod der Sterne

In den vergangenen Kapiteln haben wir uns mit Galaxien und mit Sternen, die sie bevölkern, beschäftigt. Was aber ist zwischen den einzelnen Sternen – leerer Raum? Nein, feinverteilt oder in riesigen Wolken zusammengeballt, findet sich zwischen den Sternen der Milchstraße das Material, aus dem neue Sonnen entstehen können: Die auffälligsten Gebilde sind leuchtende Nebel aus Wasserstoff und anderen Gasen, die H II-Regionen genannt werden. Eine einzelne Gaswolke kann nur Strahlung geringer Energie, im Radiobereich, aussenden. Sie ist normalerweise nicht heiß genug, um kurzwelligere Strahlung zu produzieren. Eine Wolke jedoch, in der sich schon junge Sterne durch Kondensation aus dem Gas gebildet haben, bietet einen faszinierenden Anblick und ist beliebtes Zielobjekt der Sternphotographen. Die kurzwellige, energiereiche Strahlung der Sterne regt nämlich das Gas der Wolke zum Leuchten an. Wie aber «leuchtet» eine Wolke? Nun, die Wasserstoffatome der Wolke werden durch die Sternstrahlung ihrer Elektronen beraubt; man sagt, sie werden ionisiert. Wenn die Elektronen zu ihren Atomkernen zurückfinden, wird dabei von den Atomen der Wolke sogenannte Linienstrahlung bei ganz bestimmten Wellenlängen ausgesandt. Die Astronomen bezeichnen ionisierten Wasserstoff als H II, und so entstand die Bezeichnung H II-Region. Eine solche Region zeigt sich auf farbigen Aufnahmen als ein meist rötlich erscheinender, zerfranster Nebel; zerlegt man das Licht mit Hilfe eines Spektrographen in die Farben des Regenbogens, erkennt man das helle Linienspektrum eines heißen Gases, das dem einer Leuchtstoffröhre vergleichbar ist.

Wie entstehen solche Wasserstoffnebel? Man muß sich vorstellen, daß die Entwicklung ein dynamischer Prozeß ist:

Am Anfang steht eine sehr ausgedehnte, kühle «Molekülwolke», in der die Gasatome zu chemischen Verbindungen zusammenfinden konnten. Einzelne Teile der Wolke kollabieren unter ihrer Schwerkraft und bilden heiße Sterne großer Masse. Diese heizen das umgebende kühle Gas, das schon im Begriff ist, weiter in dichtere Strukturen zu zerfallen, auf, und es wird ionisiert. Die Atome verlieren ihre Elektronen, eine H II-Region ist entstanden. Sie enthält neben Gas auch Staubkörner aus Silikaten oder Kohlenstoff (Graphit). Dieser Staub schirmt die dichte Molekülwolke gegen die potentiell zerstörerische Ultraviolettstrahlung der heißen Sterne ab und ermöglicht komplexe chemische Prozesse im kühlen Gas. Uns aber läßt der Staub die Wolke dunkel und geheimnisvoll erscheinen.

Der Orionnebel: Geburtsort neuer Sterne und Planeten?

Die uns am nächsten liegende H II-Region ist der Orionnebel, der schon seit dem 16. Jahrhundert bekannt und mit jedem Feldstecher, ja selbst mit bloßem Auge zu sehen ist. Seit dem Ende des 19. Jahrhunderts wissen wir, daß er eine riesige Gaswolke ist. Ein ganz bestimmter Typ von veränderlichen Sternen, die sogenannten Flare-Sterne, und der Nachweis von Infrarotquellen beweisen, daß der Orionnebel ein Kreißsaal für viele neue Sterne sein muß.

Die frühen Stadien der Entstehung finden tief im Inneren der für sichtbares Licht undurchlässigen Staub- und Molekülwolken statt und sind nur im Infrarot- und Radiobereich des Spektrums zu beobachten. Obwohl die «Kinder-

Wasserstoffnebel sind sehr farbenfrohe Motive. Hubble zeigt sie uns mit nie gesehenen Details. Viele der hellen, kompakten Flecken sind protoplanetare Scheiben (Quelle: C. O'Dell und NASA).

stube» der Sterne also für optische Teleskope wie Hubble nicht sichtbar ist, haben Astronomen ein zumindest grobes Bild von den Vorgängen bei der Geburt neuer Sterne. Ein Teil einer Molekülwolke wird zum Beispiel durch einen «Stoß» von außen instabil und beginnt, unter ihrem eigenen Gewicht zusammenzubrechen. Der Wolkenkern, aus dem einmal ein Stern werden wird, verdichtet sich mehr und mehr. Gleichzeitig formt sich mit der zentralen Kondensation eine Gas- und Staubscheibe, die den neuen Stern noch über viele Jahrhunderttausende hinweg in seiner Äquatorregion umgeben wird und aus der sich unter Umständen Planeten bilden können. Auf diese Weise könnten also auch das Sonnensystem und unsere Erde entstanden sein – geboren aus einem Haufen Gas und Staub. Rudimentäre Staubscheiben sind auch noch um «erwachsene» Sterne nachgewiesen worden. Sterne im Babyalter können von ihnen komplett verhüllt werden.

Die von Hubble aufgenommenen Bilder des Orionnebels vermitteln einen Eindruck von der Vielfalt der in dessen Innerem ablaufenden Vorgänge. Der Nebel selbst wird von der Strahlung der hellen, jungen, heißen Babysterne, wie sie im oberen Teil des Bildes auf S. 106 zu sehen sind, zum Leuchten angeregt. Die große Gaswolke im unteren Teil des Bildes ist das Ergebnis eines Materieausstoßes von einem solchen Baby. Die hellsten Gebiete sind Ausbuchtungen auf der Oberfläche des Nebels. Der lange helle Balken wird durch unsere Perspektive hervorgerufen: Hier schaut der irdische Beobachter entlang einer langen Wand leuchtenden Gases – eine sehr lange Wand, denn die lineare Ausdehnung des Bildes in der Diagonalen beträgt 1.6 Lichtjahre.

Das Bild auf Seite 107 zeigt einen kleinen Ausschnitt des Orionnebels mit fünf jugendlichen Sternen, von denen vier von Gas- und Staubscheiben umgeben sind. Diese «protoplanetaren» Staubscheiben, auch «Proplyds» genannt, können sich in späteren Stadien eventuell zu Planeten verdichten. Die Scheiben, die in der Nähe der heißen Sterne des elterlichen Sternhaufens stehen, erscheinen hell, weil das Licht der Sterne an ihrem Staub gestreut wird; das am weitesten davon entfernte Objekt ist jedoch nur noch unzureichend beleuchtet und erscheint vor dem Hintergrund des Orionnebels dunkel. Das Bildfeld beträgt «nur» 0.14 Lichtjahre im Durchmesser. Nur Hubble kann die Proplyds so deutlich abbilden.

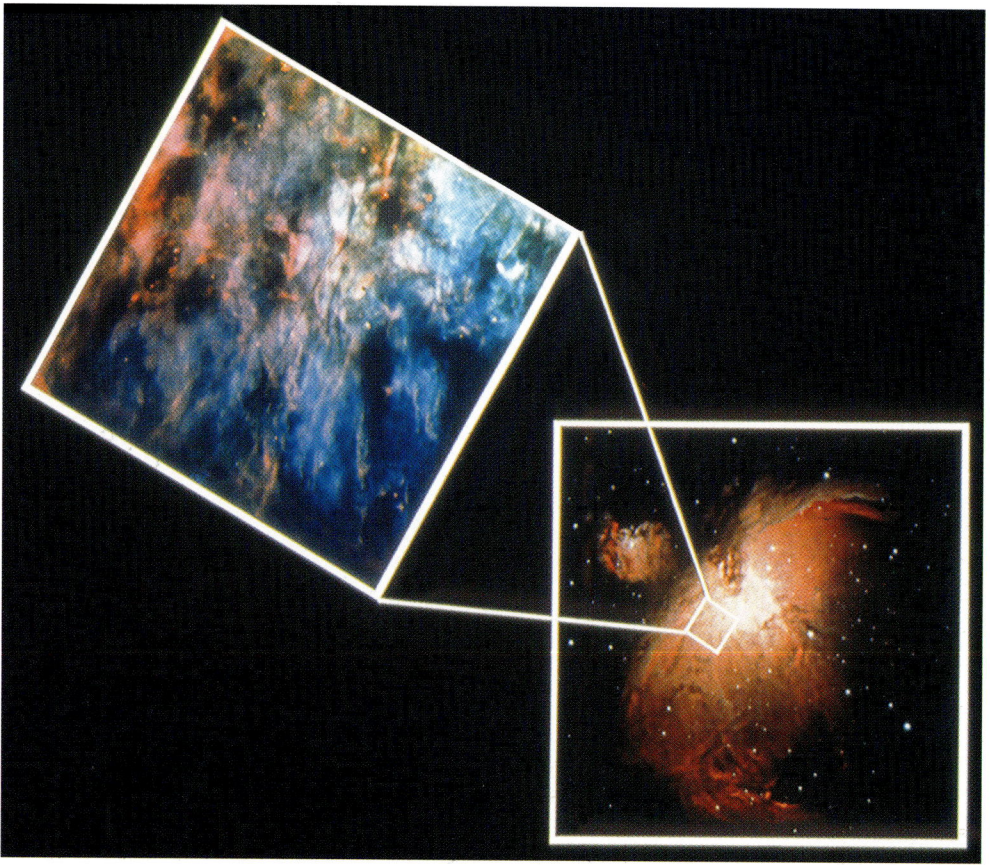

Der Vergleich beweist die neue Dimension der Bilder Hubbles; rechts eine gute erdgebundene Aufnahme des Orionnebels, links ein Hubble-Bild (Quelle: D. Malin, NASA).

Auf der extremen Ausschnittvergrößerung auf Seite 107 unten erkennt man drei Sternenbabys im Orionnebel, die erst einige hunderttausend Jahre alt und noch von Material umgeben sind, das bei der Sternentstehung übriggeblieben ist. Jeder Proplyd erscheint als dicke Scheibe mit einem Loch in der Mitte, wo der kühle Stern plaziert ist. Jede Aufnahme zeigt ein nur zwölf Lichttage großes Feld.

Materialstrahlen begleiten die Sterngeburt

Oft wird beobachtet, daß aus den Gas- und Staubscheiben um junge Sterne scharf gebündelte Strahlen aus Materie hervorbrechen, fast unsichtbar im freien Weltraum, aber hell aufleuchtend, wenn sie sich nach Milliarden von Kilometern in benachbarte Gaswolken bohren. Dann entsteht dort ein leuchtender und bizarr geformter Nebel, der nach den Entdeckern des Phänomens Herbig-Haro-Objekt genannt wird: Zwar sind bereits an die 300 solcher HH-Objekte vom Erdboden aus entdeckt worden, aber die beschränkte Auflösungskraft der irdischen Teleskope behinderte ein detailliertes Verständnis der Phänomene. Grundlegende Fragen zur Physik der stellaren Jets, wie die erstaunlichen Ausflüsse junger Sterne genannt werden, lassen sich nun dank spektakulärer Aufnahmen des Weltraumteleskops angehen (S. 108–109): Bedeutet die Ähnlichkeit ihres Aussehens mit dem der beinahe lichtschnellen Jets von Galaxien, daß auch hier solche Strömungen von Plasma vorliegen, oder strömt es aus jungen Sternen «nur» mit einigen 100 km/s? Wie nahe am Stern entstehen die Jets, was

hält sie zusammen? Und wie gleichmäßig verläuft das Ausströmen?

Die Antworten, die Hubble gibt, zeichnen kein eindeutiges Bild: Stellare Jets entstehen demnach noch in den Scheiben, die die jungen Sterne umgeben, und sie werden praktisch sofort zu engen Strahlen gebündelt. Eine Düsenwirkung der Scheibe scheidet als Erklärung nun aus; eher sind Magnetfelder involviert. Die Jets strömen nicht gleichmäßig vom jungen Stern weg, sondern sind geklumpt. Dies bedeutet, daß Material ziemlich unregelmäßig aus der Scheibe auf den jungen Stern fällt, in dessen Nähe es dann in die Jets gefüttert wird. Mal fallen die größeren Klumpen alle zwanzig bis dreißig Jahre, dann wieder alle paar Monate. Auch die Richtung der Sternjets im Raum ist nicht stabil und kann hin- und herschwingen. Die Erklärung für diese Bewegungen liefert möglicherweise ein Begleitstern, um den der junge Stern kreist. Mit diesen und anderen Details, die mehrere von Hubble untersuchte junge Sterne aufweisen, müssen sich nun die Theoretiker auseinandersetzen.

Planetarische Nebel: Ein farbenfrohes Ende

Gaswolken gibt es im Weltraum jedoch nicht nur in Verbindung mit der Geburt, sondern auch mit dem Tod von Sternen.

Sterne bilden sich aus Gas, und in ihrem Todeskampf geben sie einen Großteil ihrer Materie, durch atomare Kernverschmelzung mit schwereren Elementen angereichert, wieder nach außen ab. Masseärmere Sterne wie die Sonne werden kurz vor ihrem Tod zu einem «Roten Rie-

Linke Seite:
Der Orionnebel – ein kosmischer Kreißsaal (Quelle: C. O'Dell und NASA).

Fünf junge Sterne im Orion-Nebel. Vier sind mit Gas- und Staubscheiben umgeben – der Stoff, aus dem Planeten entstehen könnten. Unten sind solche Sternenbabys im Detail zu bewundern (Quelle: C. O'Dell und NASA).

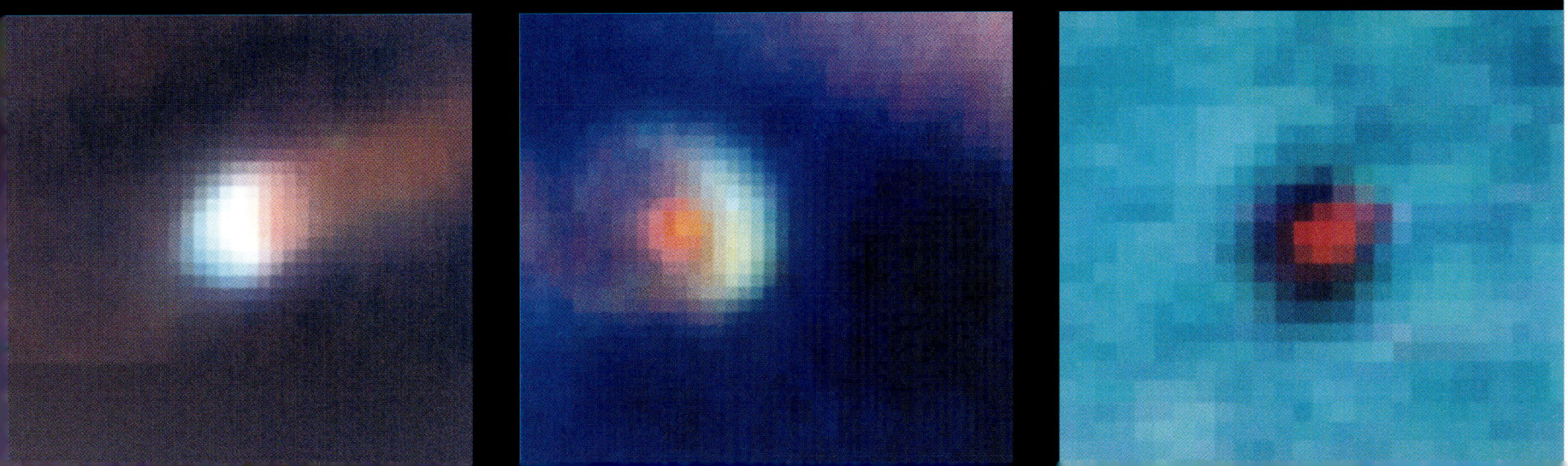

108

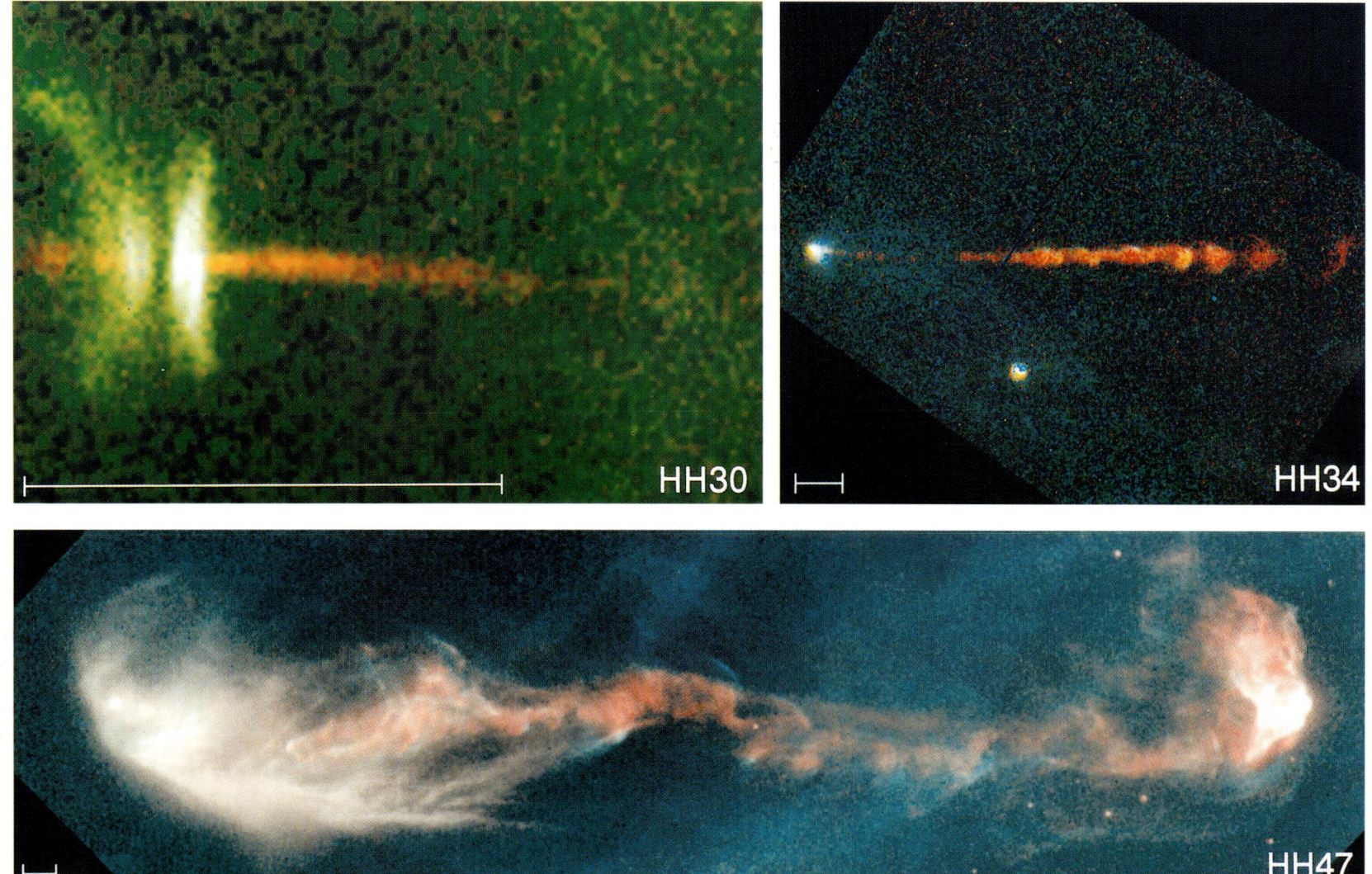

Spektakuläre Aufnahme von den gebündelten Materiestrahlen, die aus den Gas- und Staubscheiben um junge Sterne abgegeben werden: Oben links erkennt man Herbig-Haro Objekt Nr. 30, bei dem wir die Staubscheibe, in der der jettende Stern steckt, exakt von der Seite sehen. Der Strahl, der aus der Scheibe austritt, ist bereits scharf gebündelt; rechts HH-34 (Quellen: C. Burrows bzw. J. Hester und NASA). Unten erkennen wir das HH-Objekt Nr. 47: Diesmal sitzt der verursachende junge Stern in einer Staubwolke am linken Bildrand. Der Jet beschreibt

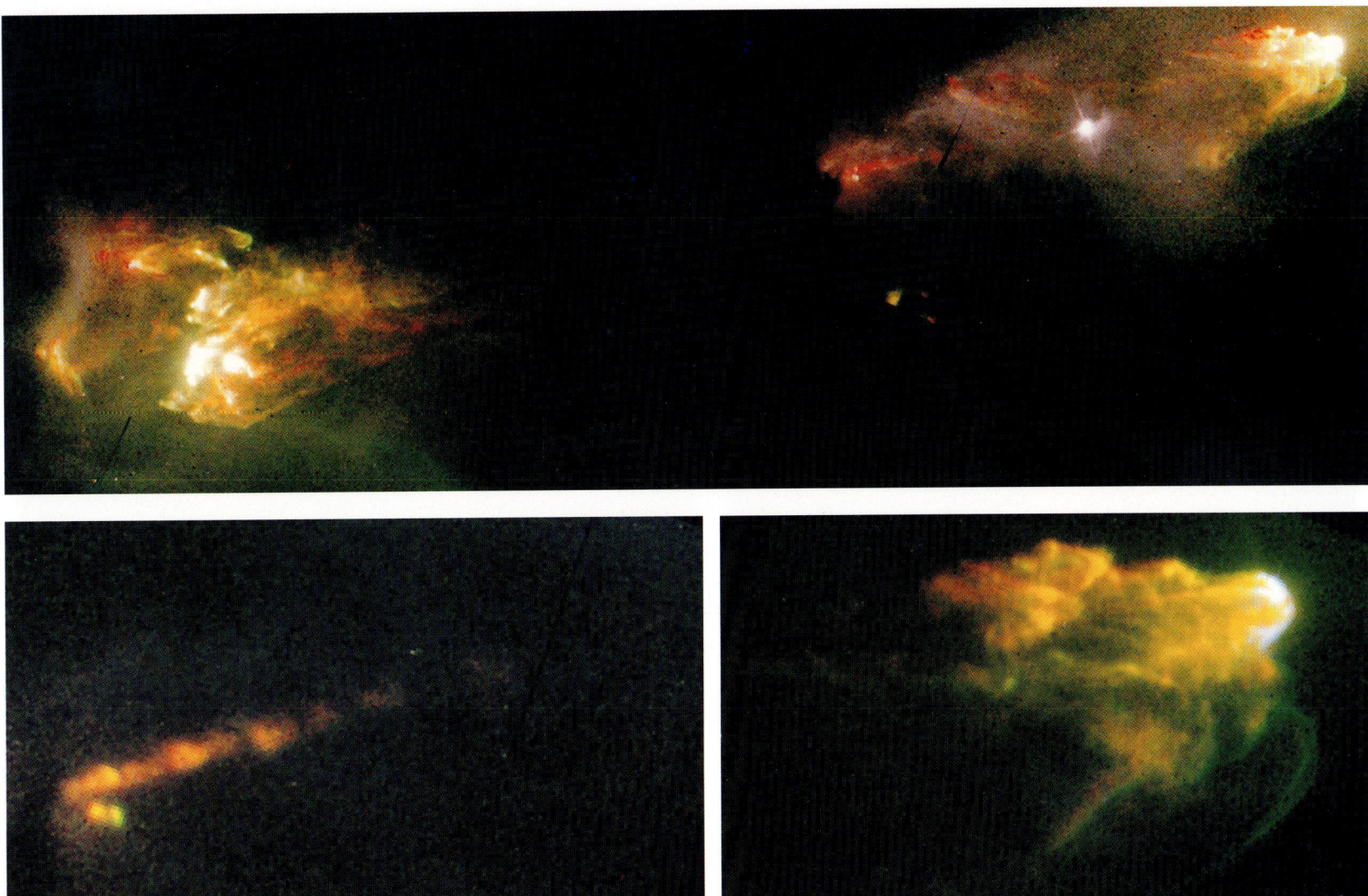

ein sehr kompliziertes Muster. Der Maßstab in diesen beiden Bildern ist 1000mal so lang wie die Entfernung Erde-Sonne: 150 Milliarden Kilometer (Quelle: J. Morse und NASA). Auf der Abbildung oben sitzt der junge Stern ungefähr in der Mitte des oberen Bildes, wird jedoch von Staub verdeckt. Die nahezu symmetrischen Blasen stellen die Orte dar, wo die Jets in das interstellare Gas eindringen; sie tragen die Bezeichnungen HH 1 und 2. Der Ausschnitt unten links zeigt einen freiliegenden Teil des Gasjets selbst und belegt, daß er nicht gleichmäßig, sondern stoßweise ausströmt. Der Ausschnitt rechts enthüllt eine klassische Bugschock-Struktur an der Kollisionsstelle zwischen Jet und ruhendem interstellarem Gas (Quelle: J. Hester und NASA).

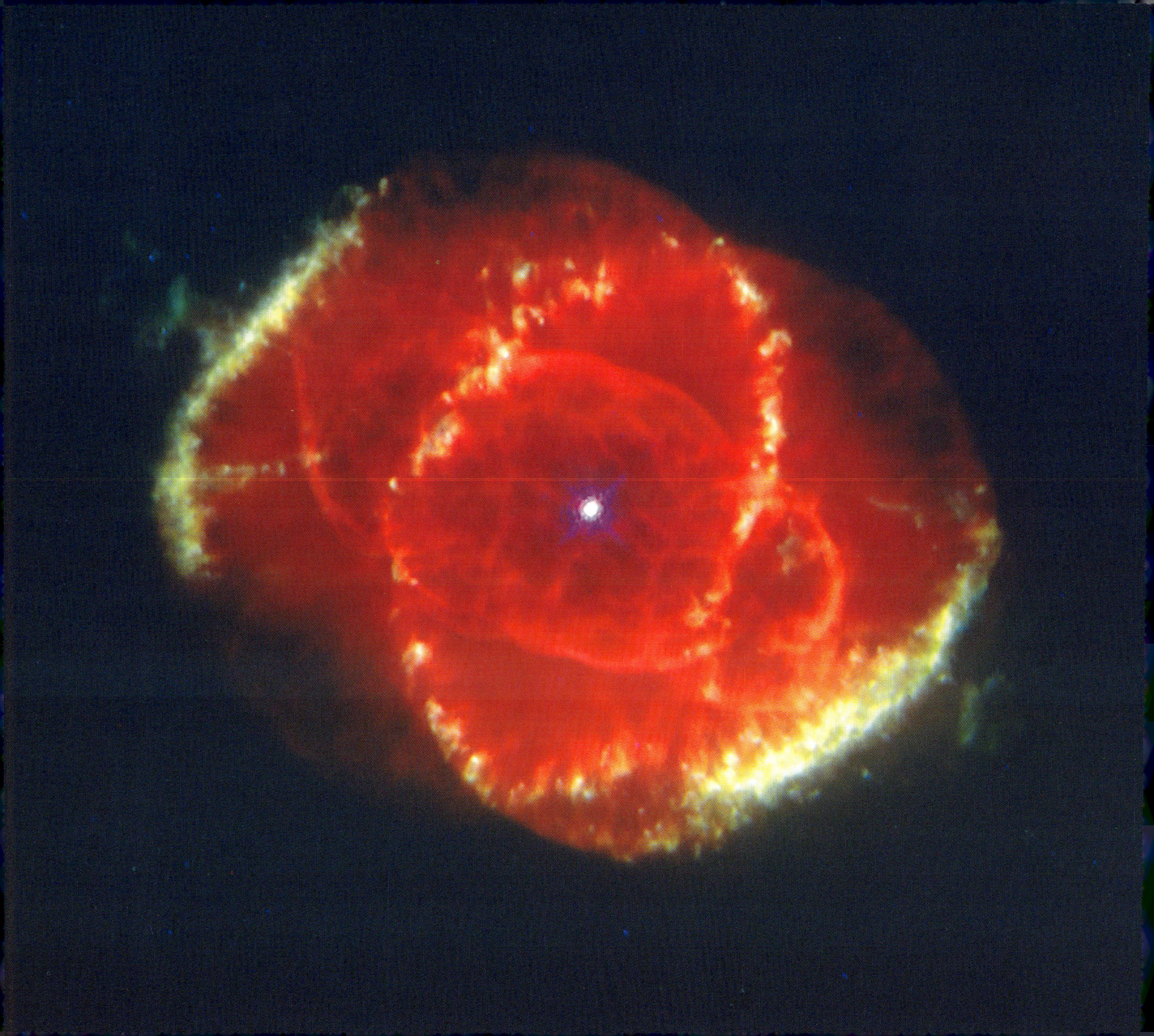

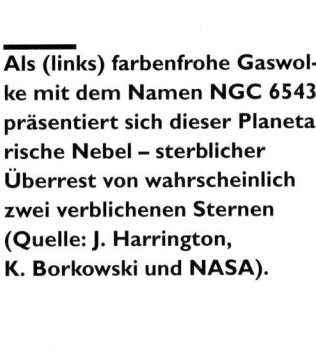

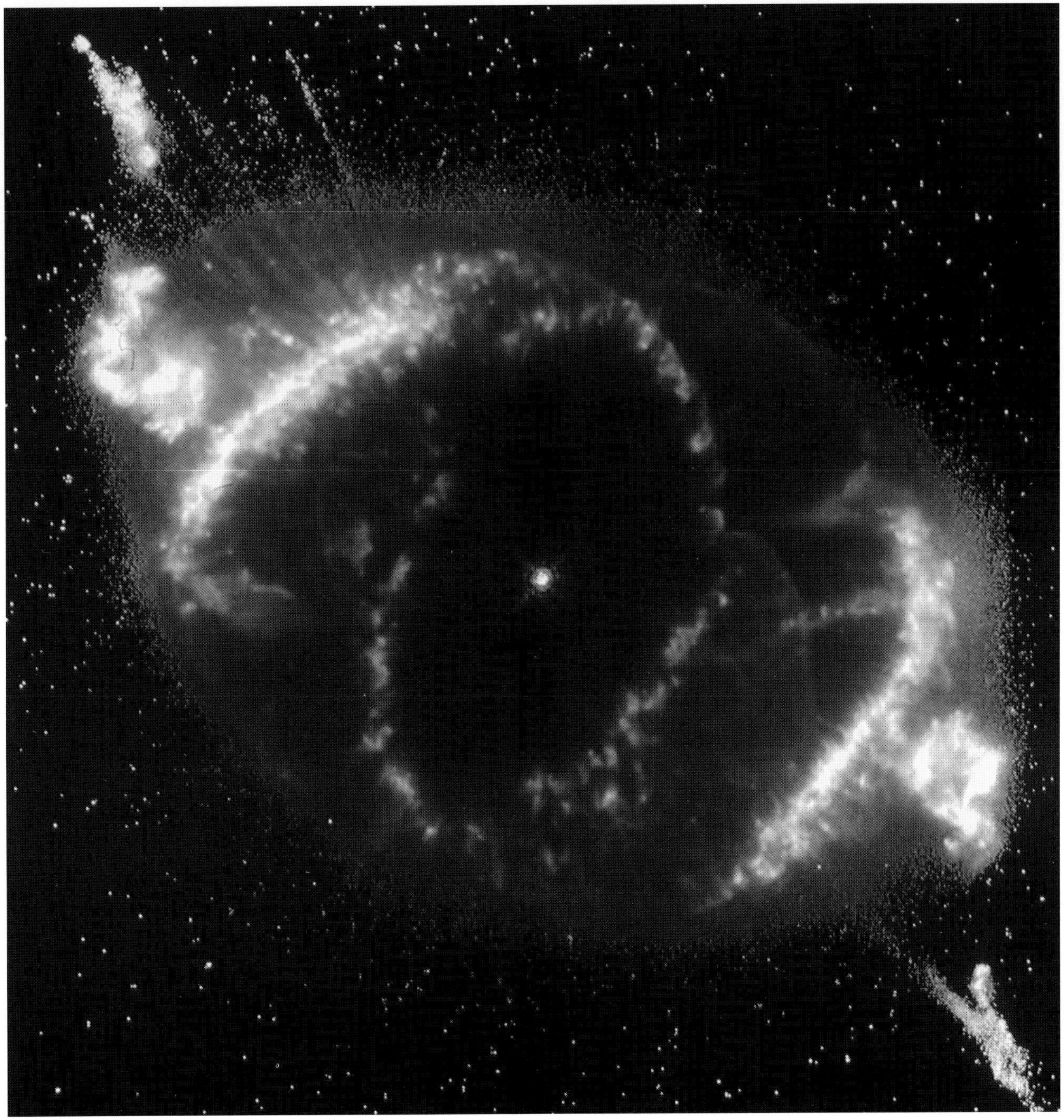

Als (links) farbenfrohe Gaswolke mit dem Namen **NGC 6543** präsentiert sich dieser **Planetarische Nebel** – sterblicher Überrest von wahrscheinlich zwei verblichenen Sternen (Quelle: J. Harrington, K. Borkowski und NASA).

Linke Seite: Ein weiterer Planetarischer Nebel – NGC 2440, bei dem Hubble erstmals den Zentralstern vom Gas getrennt abbilden konnte (Quelle: S. Heap und NASA).

Tod eines großen Sterns: Ein Riese vom Vielfachen der Masse unserer Sonne explodierte und ließ bizarre Bögen aufleuchten. Die äußeren Ringe der Supernova 1987A sind extrem dünn (Quelle: C. Burrows und NASA).

Auch diese prachtvollen Nebelgebilde sind die Überreste eines Sterns: der Zirrusnebel in voller Pracht, wie ihn Hubble nach der Reparatur (links) und davor (rechts) stückweise abbilden konnte. Das farbenprächtige Leuchten resultiert aus der Kollision des von einer Supernovaexplosion ausgeschleuderten Gases mit dem schon vorhandenen interstellaren Gas (Quellen: J. Hester und NASA).

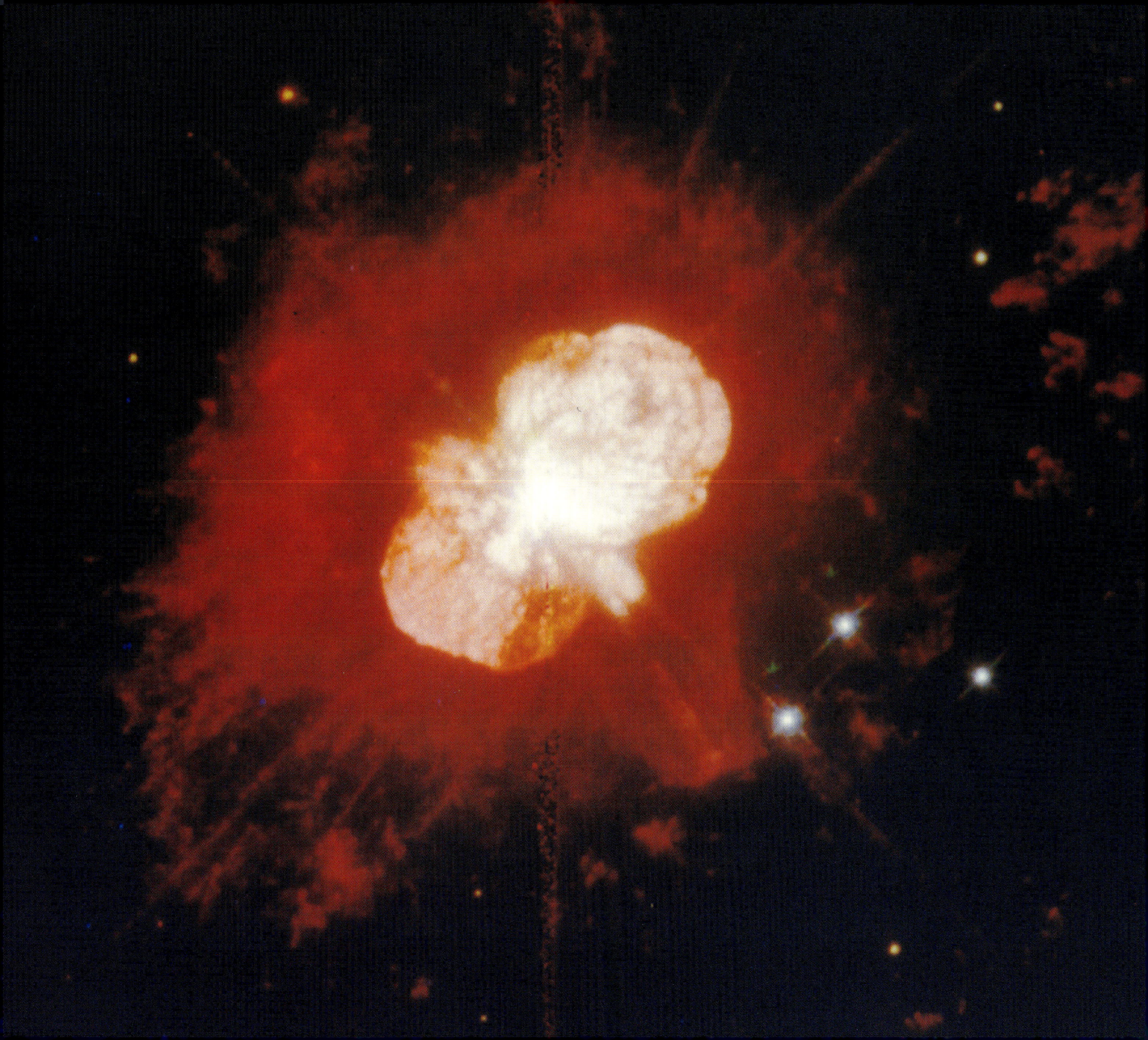

Niemand weiß genau, warum Eta Carinae dauernd seine Helligkeit wechselt und diese wundervolle Gashülle abgeworfen hat, links die Originalaufnahme Hubbles, rechts eine besonders bearbeitete Fassung (adaptiver Histogrammausgleich bekämpfte die Helligkeitsunterschiede im Nebel) (Quellen: J. Hester und NASA bzw. R. White).

sen» und stoßen schließlich eine verdünnte und ungefähr kugelförmige Gashülle ab. Dieses Gebilde wird «Planetarischer Nebel» genannt, nicht weil es etwas mit Planeten zu tun hätte, sondern weil visuelle Himmelsbeobachter vergangener Jahrhunderte diese kompakten Nebelscheiben an ferne Planeten erinnerten. Im Inneren solcher Nebel leuchtet schwach «des Pudels Kern»: ein weißer Zwergstern, ein heißer Stern, so groß wie unsere Erde, jedoch fast so schwer wie unsere Sonne – sozusagen die Leiche des ehemaligen Sternes.

Ein solcher Planetarischer Nebel ist von Hubble beobachtet worden: NGC 6543 (Seite 110–111), ein kleines, aber helles Exemplar, schon von W. Herschel gegen Ende des 18. Jahrhunderts entdeckt. Am 29. August 1864 richtete William Huggins, ein englischer Amateurastronom, sein mit einem Prisma ausgerüstetes Teleskop auf diesen Nebel und erkannte, daß er das Spektrum eines leuchtenden Gases sah. Damit war ein großer Schritt zur Aufklärung der Natur der Nebel getan – zuvor hatten Astronomen die «Auflösung» verschiedener solcher Gasnebel in einzelne Sterne behauptet!

Obwohl es schon sehr detaillierte Aufnahmen dieses Planetarischen Nebels mit großen irdischen Teleskopen gab, ist man mit dem Hubble-Teleskop noch einen Schritt weitergegangen. Man erkennt nun in dem Nebel konzentrische Gashüllen, die auf zeitlich aufeinanderfolgende Massenauswürfe deuten, Strahlen mit hoher Geschwindigkeit ausströmenden Gases und durch Stoßfronten verursachte Gasknoten. Ein solcher Planetarischer Nebel ist also keineswegs ein Friedhof. Es geht sogar wesentlich turbulenter zu, als man bisher angenommen hat! Ob man die komplizierte Struktur durch die Annahme eines im Inneren des Nebels befindlichen Doppelsternsystems erklären kann, ist noch ungeklärt, aber eine reizvolle Spekulation.

Sterntod aus der Nähe: die Supernova 1987A

Planetarische Nebel und Weiße Zwerge sind die Überbleibsel von Sternen, die mit unserer Sonne vergleichbar waren. Hat der ursprüngliche Stern jedoch eine viel größere Masse, so durchläuft er nacheinander verschiedene Riesen- und Überriesenstadien, nimmt immer mehr an Leuchtkraft zu und verbraucht den zur Verfügung stehenden Brennstoff immer rascher. Schließlich ist kein Material zur Energieerzeugung mehr übrig: Sein innerster Kern, inzwischen eine Kugel aus Eisen, kollabiert zu einem äußerst dichten Objekt, einem Neutronenstern oder vielleicht sogar zu einem der geheimnisvollen Schwarzen Löcher. Die äußeren Schichten werden gleichzeitig auf noch umstrittene Weise mit hoher Geschwindigkeit nach außen getrieben. Der Stern leuchtet in seinem Todeskampf noch einmal wie eine riesige Fackel auf: Eine Supernova (des sogenannten Typs II) ist geboren.

Eine solche Supernova leuchtete am 21. Februar 1987 in der Großen Magellanschen Wolke auf, einer kleinen Nachbargalaxie unserer Milchstraße, die nur auf der südlichen Halbkugel zu sehen ist. «Supernova 1987A», wie sie als erste Entdeckung des Jahres genannt wurde, erreichte eine scheinbare Helligkeit von 2. Größe, vergleichbar den Sternen im Großen Wagen, dann wurde sie wieder schwächer. Heute ist sie ein unscheinbares Sternchen, dessen Helligkeit in einigen Jahren vielleicht ganz unter die Nachweisgrenze unserer Teleskope gesunken sein wird.

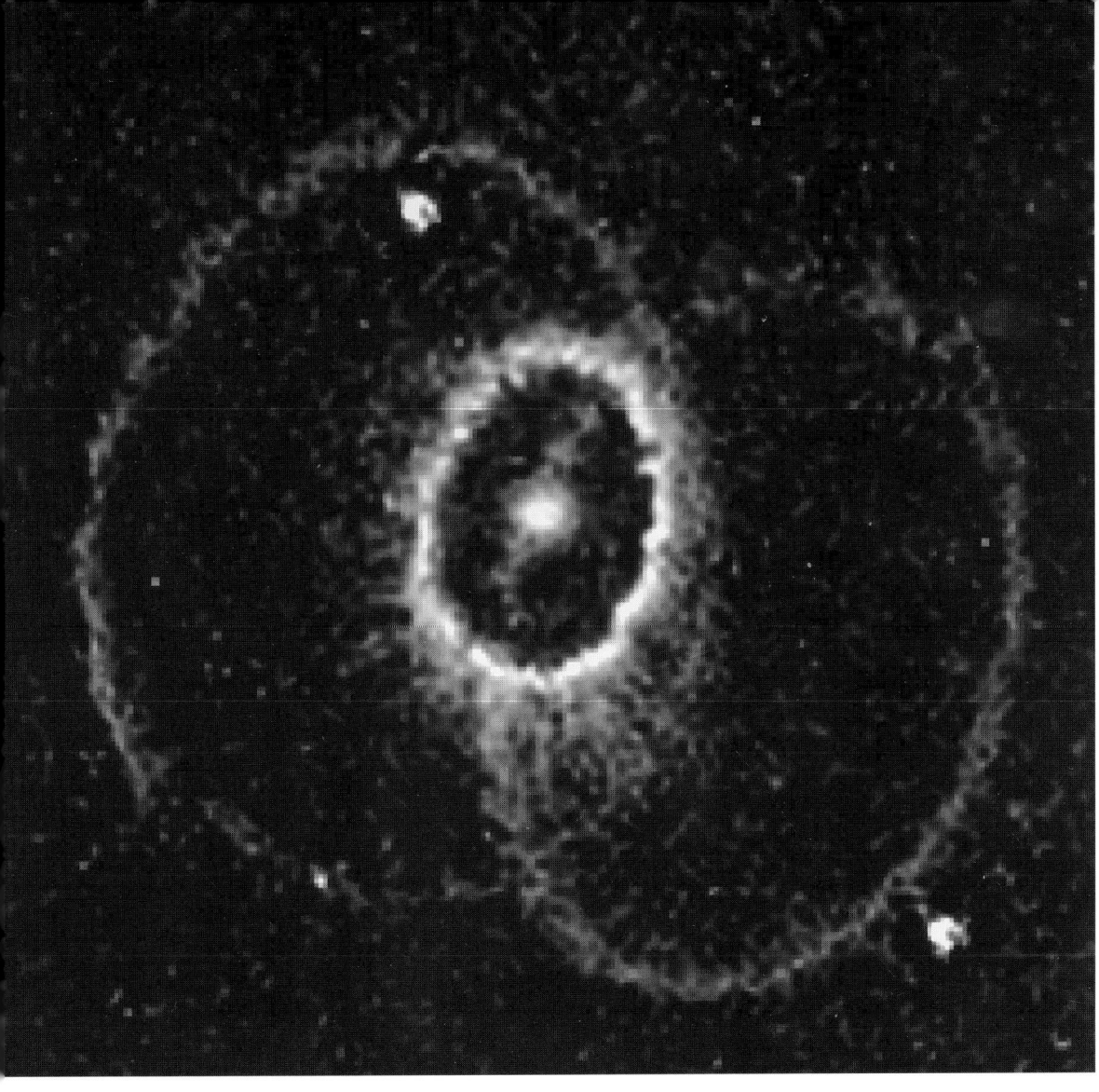

In Ergänzung zum Farbbild auf Seite 113 zeigt diese «restaurierte» Fassung die Schmalheit der äußeren Ringe von Supernova 1987A erst richtig (Quelle: C. Burrows & NASA).

Doch diese Supernova hat verschiedene Visitenkarten hinterlegt. Da sind zum einen die ausgeschleuderten Gasmassen, die mit Geschwindigkeiten von bis zu 10.000 Kilometern pro Sekunde in den Raum expandieren und eine immer größer werdende Hülle um den Explosionsort ziehen. Zwar konnte Hubble schon früh erkennen, daß sie ein ausgedehntes Scheibchen am Himmel darbot, etwas größer als die Bilder gleich heller Sterne, aber Details waren kaum auszumachen. Doch das Phänomen bot Hubble noch viel mehr: Die energiereiche Strahlung, die von der Supernova kurz nach dem Kollaps ausgestrahlt wurde, hat älteres Gas aufleuchten lassen, das den explodierten Stern schon um-

gab, lange bevor er zur Supernova wurde. Diese sich nur sehr langsam ausdehnende Hülle ist in ihrer Beschaffenheit einem Planetarischen Nebel vergleichbar, wie er auch um andere alternde Sterne gefunden wird, und wurde offenbar in einem früheren Entwicklungsstadium des Sterns als Sternwind in den Raum hinausgetragen. Sie wird eines Tages von der sich rasch ausbreitenden Gaswolke der Supernovaexplosion aufgefegt werden, mit ihr zusammen in den nächsten Jahrtausenden und Jahrmillionen in den Raum hinaus expandieren, sich dabei langsam mit dem interstellaren Gas und Staub vermischen und dieses Material mit schweren Elementen anreichern. Aus solchem «Sternenstaub» wird dann in ferner Zukunft eine neue Generation von Sternen gebildet werden. Das Universum besteht wie das menschliche Leben aus einem ewigen Kreislauf von Werden und Vergehen. Jeder sterbende Stern trägt den Keim der nächsten Generation in sich.

Die Hubble-Aufnahme (S. 113) zeigt drei Ringe. Sowohl der kleinere zentrale Ring als auch die weiter außen liegenden waren bereits mit Teleskopen vom Erdboden aus entdeckt worden, doch Hubble sieht sie um ein Mehrfaches schärfer – wie sie allerdings zustande gekommen sind, das wird auch jetzt noch nicht klar, im Gegenteil: Das «Standardmodell» auf der Basis irdischer Aufnahmen ist von Hubble eindeutig gekippt worden, freilich ohne daß eine neue Erklärung offenkundig wäre. Alle Ringe sind gegen unsere Blickrichtung geneigt, so daß sie sich zu überschneiden scheinen; sie liegen aber vermutlich in drei verschiedenen Ebenen. Der kleine helle Ring liegt in der Ebene, in der sich auch die Supernova befindet, um 44° zur Sichtlinie geneigt; die beiden anderen liegen davor und dahinter. Selbst für

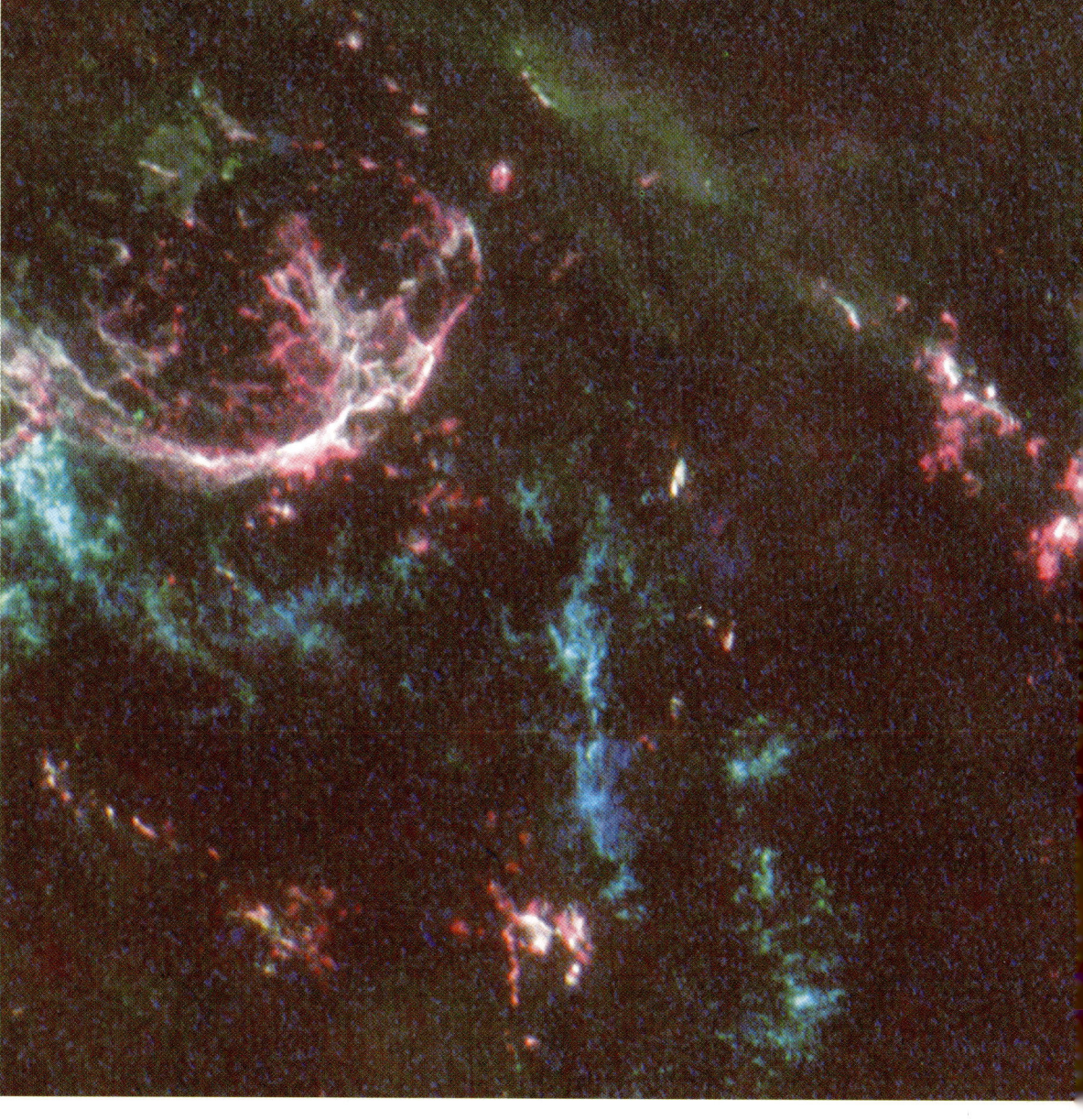

Hubbles Sehschärfe besitzen die beiden äußeren Ringe keine erkennbare Dicke, als physikalische Körper würden sie eine Fülle von Problemen aufwerfen. Könnte es sich statt dessen um eine Art optische Illusion handeln, projiziert auf schon vorher existierende Schichten des interstellaren Mediums? Um einen Licht- oder Teilchenstrahl zu erzeugen, der die äußeren Ringe zum Leuchten anregt, müßte sich im Innern des Ringsystems ein kompaktes Objekt befinden – ein Neutronenstern oder ein Schwarzes Loch! –, das einen nahen Begleiter besitzt. Vom Nachbarstern auf das kompakte Objekt transportiertes Material wird aufgeheizt und wieder in den Raum geschleudert. Das rotierende kompakte Objekt könnte wie ein Spielzeugkreisel hin- und hertaumeln und so Strahlen entlang zweier Kreise auf der Ebene zeichnen.

Unklar ist, wieso das Zentrum dieser Strahlenbündel nicht mit der Supernova selbst zusammenfällt. Ist es wirklich ein naher Begleiter, in einer Entfernung von etwa einem Drittel Lichtjahr, der vor langer Zeit ebenfalls einen Supernovaausbruch erlitten hat? Diese Dreifach-Ringstruktur ist ein großes Rätsel, das bisher noch niemand lösen konnte. Es gibt ungefähr so viele sich gegenseitig ausschließende Modelle, wie es Astrophysiker gibt, die sich mit diesem rätselhaften Hubble-Bild beschäftigt haben.

Ein interessantes Erklärungsmodell kommt aus England: Zwei einander umkreisende Sterne könnten die Struktur geschaffen haben – aber nicht als optische Illusion, sondern als reale Struktur im dreidimensionalen Raum. Im Sternenwind eines der Sterne (der einmal ein Roter Riese war und später zur Supernova wurde) kreise demnach ein massereicher Begleiter, an dem sich der kühle Sternwind durch Reibung aufheizte. Das heißere Gas expandierte in den kühleren restlichen Wind hinein und formte zwei Kegel, die wiederum zu Ringen wurden, als sich der Rote Riese kurz vor der Explosion in einen Blauen Riesen verwandelte und sein Wind schneller wurde. Leider allerdings ist dieses Erklärungsmodell nicht perfekt: Das Resultat des beschriebenen Vorgangs wäre eine Gestalt, die symmetrischer sein müßte als die beobachtete.

Ein alter Supernovarest in der Großen Magellanschen Wolke: N 132D. Die blaugrünen Filamente entsprechen dem sauerstoffreichen Gas; sie glühen auf, während sie durch die rötlich erscheinenden interstellaren Wolken ziehen – Hubble kann all das über 169' 000 Lichtjahre hinweg verfolgen (Quelle: J. Morse et al. und NASA).

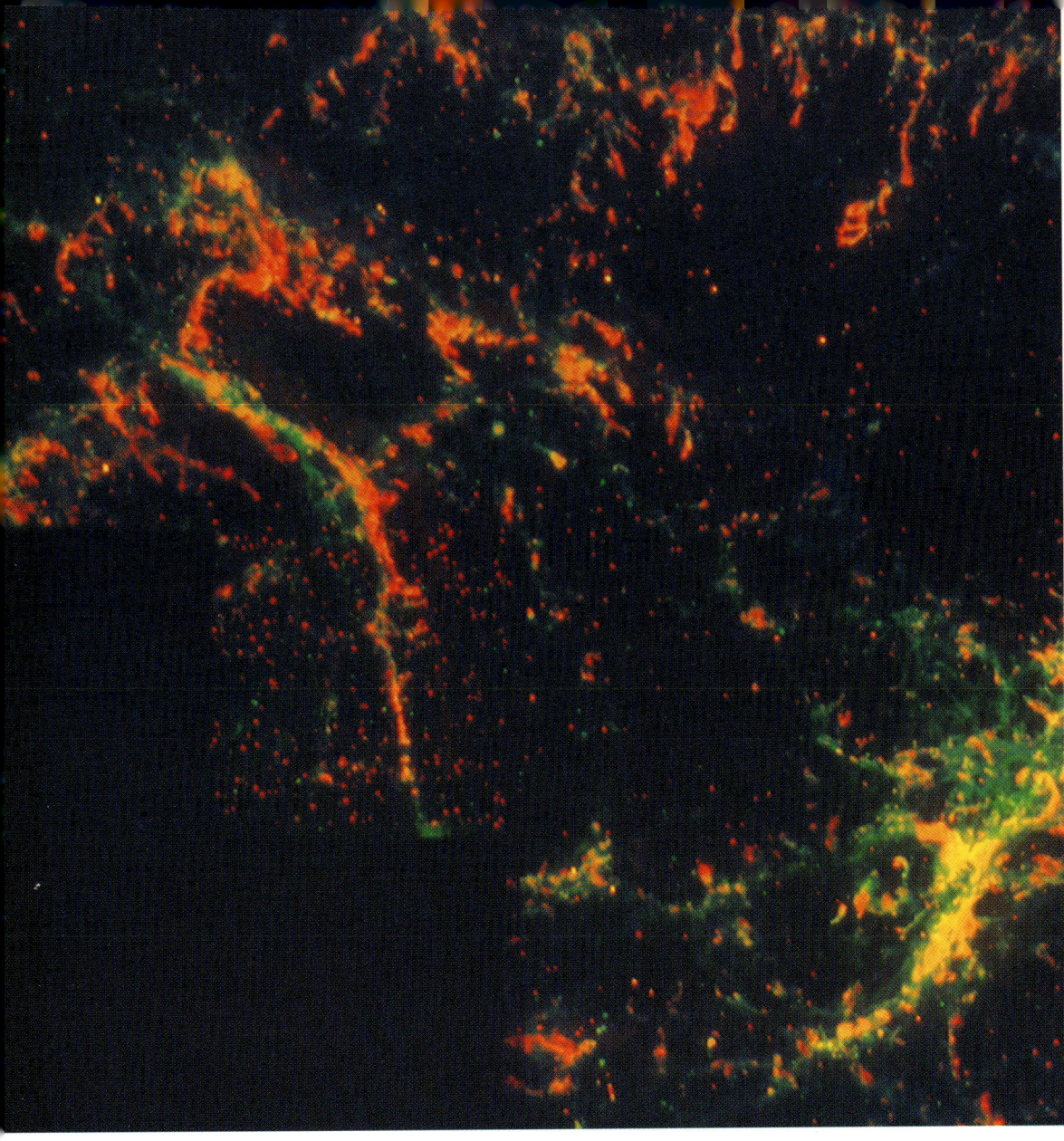

Ein kleiner Ausschnitt aus dem knapp 1000 Jahre alten Supernovarest M 1: der Krebsnebel in unserer eigenen Milchstraße (Quelle: STScI).

gen. Auch zu prähistorischen Zeiten gab es Supernovae. Von ihnen zeugen heute nur noch Pulsare: schnell rotierende Neutronensterne, die vorzugsweise gepulste Radiostrahlung abgeben und nur in den seltensten Fällen im sichtbaren Licht nachweisbar sind. Sie sind das, was vom Kern des kollabierenden Sterns zurückgeblieben ist – auch sie eine Art stellarer Leichnam.

Doch Supernovae hinterlassen noch mehr. Die bei der Explosion in den Raum geschleuderten Gasmassen sind in einigen Fällen gut zu beobachten: Sie bewegen sich noch immer mit recht hohen Geschwindigkeiten durch den Weltraum. Dabei kollidieren sie mit den interstellaren Gaswolken in ihrer Nachbarschaft und heizen diese auf hohe Temperaturen auf. Solche Überreste verraten sich durch starke Röntgenstrahlung, die das von der Kollision auf hohe Temperaturen aufgeheizte Gas aussendet. Radioteleskope eignen sich ebenso zur Suche nach solchen Sternruinen. Aber auch im optischen Bereich können derartige Supernovaüberreste strahlen. Einer der bekanntesten ist der Zirrusnebel im Sternbild des Schwans.

Der Zirrusnebel (NGC 6960/6962) wurde schon 1784 von William Herschel mit seinem 0.45-m-Spiegelteleskop entdeckt. Er befindet sich in einer Entfernung von etwa 2600 Lichtjahren und hat einen Durchmesser von etwa 107 Lichtjahren. Er expandiert heute mit etwa 80 Kilometern pro Sekunde: Die Supernova, deren Hinterlassenschaft er repräsentiert, hat vor 30'000–40'000 Jahren (sozusagen «gestern» in kosmischer Zeitrechnung) das Material mit Tausenden von Kilometern pro Sekunde ausgestoßen. Es ist aber durch die Wechselwirkung mit dem interstellaren Material auf die jetzige Geschwindigkeit abgebremst worden.

Eine alte Sternruine: der Zirrusnebel

Auch in unserer Milchstraße leuchten immer wieder Supernovae auf. Die letzten sind in den Jahren 1572 und 1604 beobachtet worden – und es ist nicht unmöglich, daß in den nächsten Jahren oder Jahrzehnten eine weitere Supernova in unserer kosmischen Heimat entdeckt werden wird. Hochrechnungen versprechen eine Supernova in der Milchstraße alle 10 Jahre, aber das Licht der meisten scheint den allgegenwärtigen kosmischen Staub nicht zu durchdrin-

Hubbles Bilder (S. 114–115) stellen nur kleine Ausschnitte des Zirrusnebels dar und zeigen die Struktur des leuchtenden Gases hinter der in den Raum vordringenden Stoßfront der Supernovaexplosion. Diese Front komprimiert das verdünnte interstellare Material und heizt es auf. Damit ist es in der Lage, sichtbares Licht auszusenden und uns einen Blick auf seine räumliche Verteilung zu geben. Die Bilder – eines vor und eines nach Hubbles Augenoperation entstanden – zeigen, wie die Explosionswelle durch dichte Materieklumpen läuft. Sie besitzen etwa die Ausdehnung des Sonnensystems. Ein bläuliches Lichtband ist möglicherweise ein von der Supernova ausgestoßener Gasknoten, der mit 1400 Kilometer pro Sekunde durch den Weltraum fliegt und gerade die am Anfang schnellere Stoßfront einholt, die bei ihrer Reise durch das interstellare Material allmählich auf kleinere Geschwindigkeiten abgebremst wurde. Supernovareste wie der Zirrusnebel sind damit ein faszinierendes Labor für Schockphysik im großen Stil.

Die andere Art von Sternexplosionen: Novae

Sternexplosionen, die weniger dramatisch als Supernovae sind, treten wesentlich häufiger auf. Novaexplosionen ereignen sich in unserer Milchstraße jährlich zu Dutzenden. Hier wird jedoch nicht der Stern in einer gewaltigen Katastrophe vernichtet, sondern es handelt sich «nur» um einen Oberflächenbrand, der die Sternstruktur selbst nicht verändert.

Stellen wir uns einen Weißen Zwerg vor, der sich aus einem Roten Riesen gebildet hat: ein Stern, so groß wie die Erde, so massereich wie die Sonne, der jedoch all seinen Wasserstoff verbraucht hat und jetzt als Kugel aus Helium, Kohlenstoff und Sauerstoff langsam abkühlt. Nach Jahrhunderttausenden wird sich ein solcher weißer Zwergstern in einen schwarzen Zwergstern verwandeln und unseren Blikken dann für immer verborgen sein.

Nun gibt es aber nicht nur Einzelsterne, sondern auch Doppelsterne im Weltraum, die aneinandergefesselt sind wie siamesische Zwillinge. So ist eine Konfiguration zweier Sterne denkbar, die aus einem Weißen Zwerg und einem normalen, der Sonne ähnlichen roten Zwergstern besteht, die sich im Laufe einiger Stunden umkreisen. Die Schwerkraft des Weißen Zwerges ist so groß, daß er Wasserstoff aus den äußeren Schichten des roten Zwergsterns herausreißt und dieses Material in einer Scheibe um sich sammelt. Das Material regnet langsam auf den Weißen Zwerg herunter und bildet eine Schicht auf der Oberfläche des massereichen Sterns: So wie ein Wasserozean die Erdoberfläche bedecken kann, bedeckt der Wasserstoff den Weißen Zwerg. Wasserstoff ist jedoch ein Brennmaterial. Hat sich eine kritische Menge davon angesammelt und ist die Dichte in den untersten Schichten auf etwa das Zehntausendfache der Dichte von Wasser angestiegen, so zündet sie schlagartig wie eine Wasserstoffbombe und wird in den Raum hinausgeschleudert.

Solche Explosionen beobachten die Astronomen und nennen sie eine Nova – eigentlich eine falsche Bezeichnung, denn eine «stella nova» (lateinisch: neuer Stern) ist hier ja gerade nicht entstanden, es sieht nur am Himmel so aus. Die Expansionsgeschwindigkeit der Gaswolken beträgt 1000 km/s. Bisher konnte man nach einigen Jahrzehnten die von den Novae ausgestoßenen Hüllen als schwache, kreis-

 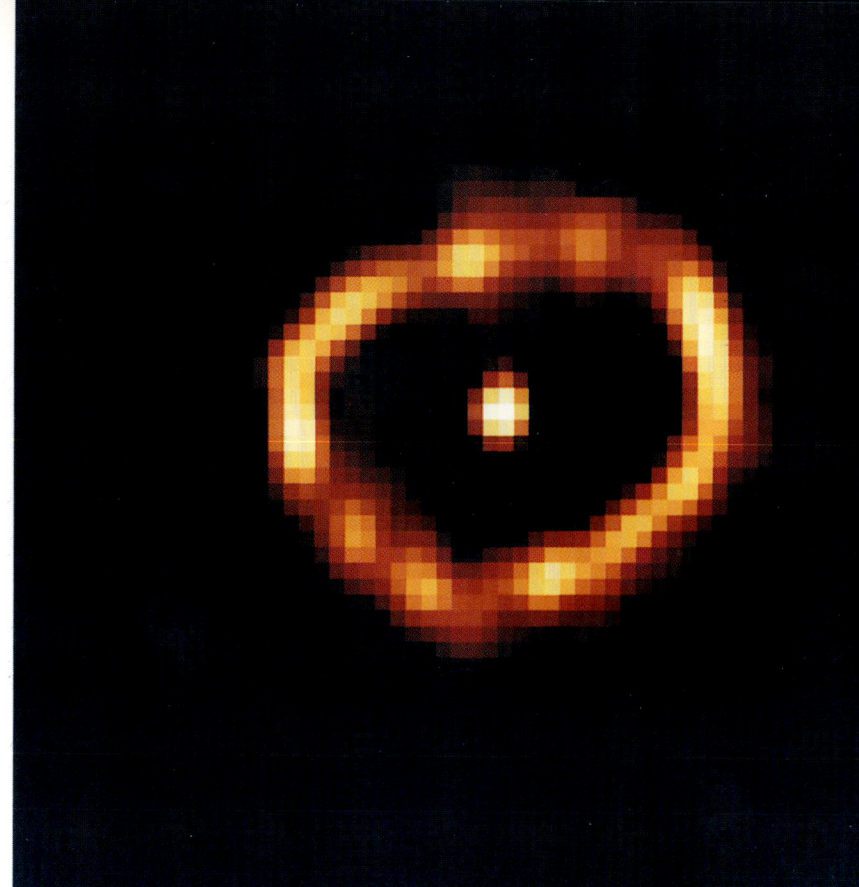

Die «kleine» Sternexplosion. Die Hülle der Nova Cygni 1992: Hubble kann ihr beim Expandieren zuschauen, links am 31.5.1993, rechts Anfang 1994. Der Ring ist im Laufe der Zeit auch länglicher geworden (Quelle: F. Paresce, R. Jedrze-jewski und NASA/ESA).

förmige Scheibchen um die wieder zur Ruhe gekommenen Weißen Zwerge beobachten.

Die Nova Cygni 1992 (benannt nach dem Sternbild Schwan, in dem sie zu sehen war) wurde in den frühen Morgenstunden des 19. Februar 1992 von Peter Collins, einem Amateurastronomen in Boulder (Colorado, USA) entdeckt. Der Verlauf des Ausbruchs wurde intensiv mit Teleskopen auf der Erde und von Hubble im Weltraum verfolgt. Direktaufnahmen der expandierenden Hülle hat Hubble am 31. Mai 1993 und im Januar 1994 geschossen.

Das linke Bild, 467 Tage nach dem Ausbruch aufgenommen, zeigte zum ersten Mal überhaupt die typische scheibchenartige Struktur und dazu noch einen Balken. Doch da Hubble damals noch kurzsichtig war, ist sie nur schemenhaft wahrzunehmen. Das rechte Bild, sieben Monate später mit der nachgebesserten Optik aufgenommen, zeigt, daß der Ring größer geworden ist – sein Durchmesser ist von 126 Milliarden auf 163 Milliarden Kilometer angewachsen. Aus

der Größe des Rings kann man bei Kenntnis der Expansionsgeschwindigkeit beim Ausbruch die Entfernung (und damit auch die wahre Leuchtkraft) der Nova berechnen. Die Entfernung beträgt etwa 10'000 Lichtjahre – das bedeutet auch, daß die Explosion vor 10'000 Jahren stattfand!

Nicht nur Novae zeigen ein plötzliches Aufleuchten. Auch die seltene Klasse der Leuchtkräftigen Blauen Veränderlichen (LBV) ist solchen Variationen unterworfen. Diese seltsamen Sterne geben in unterschiedlicher Intensität Material in den Raum ab, jedoch ist die Ursache ihrer Instabilität noch weitgehend ungeklärt. LBVs gehören zu den massereichsten Sternen überhaupt. Einer der Prototypen ist Eta Carinae, ein Objekt im Sternbild Argo am Südhimmel.

Eta Carinae wurde 1677 von dem Astronomen Edmond Halley als Stern 4. Größe katalogisiert. 1730 erreichte er 2. Größe, wurde dann wieder schwächer und danach erneut heller. 1827 war Eta Carinae ein Stern 1. Größe, und im April 1843 war das Maximum erreicht – er war nach

Sirius zum zweithellsten Stern des Himmels geworden. Die Energie, die der mysteriöse Stern dabei umsetzte, entspricht beinahe der einer Supernova, und dieser Prozeß dauerte über ein Jahrhundert. Anschließend nahm seine Helligkeit bis zur 8. Größe ab, um in den letzten Jahrzehnten langsam wieder zuzunehmen.

Die absolute Helligkeit zur Zeit des größten Glanzes ist kaum vorstellbar – sie entsprach der Helligkeit von vier Millionen Sonnen! Wir vermuten, daß Eta Carinae sehr massereich ist – etwa 150 Sonnenmassen – und sein Leben in nicht allzuferner Zukunft als Supernova vom Typ II beenden wird. Denn auch heute noch ist der Stern wegen seiner großen Energieerzeugung an der Grenze der Stabilität – es wird ständig Material abgegeben.

Hubble hat Eta Carinae zweimal beobachtet. Das letzte, nach der Reparatur aufgenommene Bild (S. 116) zeigt deutlich die während des Ausbruchs im letzten Jahrhundert ausgeschleuderten Gaswolken. Der dünne rote Schein, der den Stern umgibt, stellt Material dar, das mit einer Geschwindigkeit von fast 1000 Kilometer pro Sekunde abgestoßen wurde. Die helle, blau-weiße Nebelstruktur in der Nähe des Sterns bildet sich zu einem großen Teil aus Staub, der das Licht des Sterns reflektiert. Diese Struktur besteht aus zwei Kegeln, deren einer (der unten links) sich auf uns zu und der andere (oben rechts) sich von uns wegbewegt. Unser gesamtes Sonnensystem hätte bequem in dieser Struktur Platz!

Im allgemeinen nimmt man an, daß eine massereiche Äquatorscheibe das abfließende Material zu den Polen hin lenkt und so diese Doppelstruktur erzeugt. Hier scheint aber das ausgeworfene Material aus der Region der Äquatorscheibe zu stammen, wofür es noch keine Erklärung gibt. Die Vielfalt und Komplexität der Wolken und Strahlen, die Hubble im Eta-Carinae-Nebel entdeckt hat, wird noch für viele Jahre Anreiz zur Beschäftigung mit instabilen Sternen sein.

Unsere galaktische Heimat – das Sonnensystem

Gegenüber der unendlichen Welt der Galaxien und Sterne ist unser Sonnensystem nur eine Anordnung kleiner Steinchen im All, und im Vergleich selbst mit einem Durchschnittsstern wie der Sonne sind die Planeten des Sonnensystems fast nichts: 99 Prozent der Masse im Sonnensystem entfallen auf die Sonne, das meiste vom verbleibenden Rest steckt im Planeten Jupiter, etwas in Saturn, Uranus und Neptun. Die Erde und ihre planetarischen Nachbarn Merkur, Venus und Mars – ganz zu schweigen von Monden und Asteroiden – sind im Maßstab des Universums nicht mehr als ein Staubkorn.

Und dennoch birgt jeder dieser Planeten eine Welt in sich. Je mehr unser Sonnensystem durch die verschiedenen Raumsonden erforscht wird, je mehr wir von den einzelnen Planeten wissen, desto faszinierender erscheint uns unsere kleine galaktische Heimat. Schließlich gibt es auch in unmittelbarer Nähe der Erde noch viele Probleme zu lösen und zahlreiche neue Entdeckungen zu machen. Auch dazu hat das Weltraumteleskop seinen Teil beigetragen. Lassen Sie uns eine imaginäre Reise durch das Sonnensystem unternehmen und, von der Welt anderer Sterne kommend, unsere galaktische Heimat von außen nach innen durchmessen. Doch bevor wir starten, müssen wir einer Frage nachgehen, für die sich auch das Weltraumteleskop, zumindest indirekt, interessiert hat.

Sind wir allein im Universum?

Ganz automatisch stellt sich wohl jeder diese Frage, der an einem klaren Abend hinauf in den Sternenhimmel blickt, ja seit undenkbaren Zeiten grübeln die Menschen der Frage nach, ob es Leben im Universum geben könnte, ohne doch je mehr als Spekulationen anstellen zu können. Der Versuch von Antworten blieb den Philosophen und Science-fiction-Schreibern vorbehalten.

Doch seit ungefähr 20 Jahren hat sich auch die Wissenschaft der Frage nach außerirdischem Leben angenommen. Wenn man davon ausgeht, daß Leben in allen Formen, die wir uns vorstellen können, nicht im Inneren eines heißen Sterns, sondern nur auf Planeten existieren kann, stellt sich als wichtigste Aufgabe die Suche nach einem Stern mit einem Planetensystem. Und wirklich, warum sollte unter den Millionen von Sternen nicht eine Sonne sein, die wie die unsrige von einem Planetensystem umgeben ist, das die Entwicklung von Leben möglich macht?

Planeten *anderer* Sterne nachzuweisen oder gar abzubilden wurde so zum Heiligen Gral der Astronomie. Mit der Entdeckung von staubigen Scheiben um viele junge Sterne und Simulationsrechnungen, nach denen sich daraus fast zwangsläufig Planetensysteme wie unser eigenes bilden sollten, war die Zuversicht gewachsen – aber das Grundproblem aller Suche nach fernen Planeten war geblieben: Wie kann man fremde Planeten neben ihren immens viel helleren Sonnen wahrnehmen? Hubble würde es schon können, wurde vor seinem Start oft behauptet, aber Kenner seiner optischen Eigenschaften wußten es besser: Selbst wenn alle Spezifikationen erreicht worden wären, hätten immer noch die Restunebenheiten der Spiegel viel zuviel Licht eines Sterns in seine Umgebung gestreut, um dort selbst einen großen Planeten ausmachen zu können. Was aber nur wenige wußten: Hubble hatte eine Chance ganz anderer Art, fremde Planeten aufzuspüren. Denn dieselben Fine Guidance Sensors, die dazu dienen sollten, das Teleskop auf wenige Tausendstel Bogensekunden genau im Raum auszurichten, waren auch in der Lage, die Abstände zwischen Sternen am Himmel auf eine Fünfhundertstel Bogensekunde genau zu messen. Und weil dies mit Hilfe indirekter Technik geschah, durch Analyse der Lichtwellen, bestand diese Fähigkeit trotz der Spiegelfehler weiter.

Sternabstandsmessungen mit zwei Millibogensekunden Genauigkeit schaffte allerdings auch der europäische Astrometriesatellit Hipparcos, der seit 1989 systematisch den Himmel abtastete, um dort ein um Größenordnungen genaueres Bezugssystem absoluter Sternörter aufzuspannen. Aber während HIPPARCOS den ganzen Himmel mit relativ bescheidener Empfindlichkeit erfaßte, konnten Hubbles Fine Guidance Sensors an ausgewählten Stellen wesentlich schwächere Sterne wahrnehmen. Eine Fülle von Projekten hatte sich das FGS-Astrometrie-Team ausgedacht, von der Entfernungsmessung zu bestimmten Sternen über die Suche nach Doppelsternen bis hin zur Suche nach Planeten fremder Sterne. Wie sollte das funktionieren? Das Prinzip ist simpel: Ein Planet und seine Sonne kreisen um ihren gemeinsamen Schwerpunkt. Der liegt zwar wesentlich näher beim massereicheren Stern, so daß der Eindruck entsteht, der Planet umkreise einen ortsfesten Stern, aber in Wirklichkeit beschreibt auch dieser eine kleine Kreisbahn. Und genau diese periodische Bewegung würden die Fine Guidance Sensors bei den nächstgelegenen Sternen nachweisen können, *wenn* sie Planeten von Jupitergröße besäßen.

Astrometrie mit den FGS ist ein mühsames Geschäft, und nur wenig Beobachtungszeit steht neben all den anderen Anwendungen Hubbles dafür zur Verfügung. Gleichwohl entsteht allmählich eine Datenbasis, vor allem für den unserer Sonne nächsten Stern überhaupt, Proxima Centauri. Bis Mitte 1995 hatte es 48 Meßreihen seines Abstands von mehreren anderen Sternen gegeben, jede wie erwartet auf 0.002 Bogensekunden genau: Eine Variation des Sternortes um nur eine Tausendstel Bogensekunde hätte sich eindeutig bemerkbar machen müssen. «Keine Planeten, noch nicht», meldet der Statusbericht vom April denn auch, aber es lassen sich zumindest scharfe Obergrenzen für ihre möglichen Massen (eine halbe bis eine Jupitermasse) angeben. Das Komitee, das die Meßzeit Hubbles vergibt und auch die astrometrische Nutzung der Fine Guidance Sensors kontrolliert, befand diese Untersuchungen immerhin für so interessant, daß sie auch in Hubbles fünftem Jahr weitergehen dürfen. Ist die Sensation, die Entdeckung des ersten Planeten eines fremden Sternes, von Hubble zu erwarten?

Wo endet das Sonnensystem?

Bemühen wir noch einmal das Bild von der imaginären Reise, und stellen wir uns vor, wir kämen von einem fremden Stern zurück. Wann würden wir die Grenze unseres Sonnensystems passieren? Diese Frage, die nach der Entdeckung des neunten Planeten Pluto endgültig beantwortet schien, ist neuerdings wieder schwer zu entscheiden. Als das Weltraumteleskop 1990 gestartet wurde, endete unser eigenes Planetensystem noch mit den wohlbekannten Planeten Neptun und Pluto, die sich in ihrer Rolle als sonnenfernster Trabant abwechseln. Über die Welt dahinter gab es nur Vermutungen: eventuell ein gigantisches Reservoir eisiger Kometenkerne von ein paar Kilometern Größe, die nur selten ins innere Sonnensystem abgelenkt und als Schweifsterne sichtbar wurden – es gab keine Chance, sie in ihrer ursprünglichen Heimat zu beobachten. Doch dann kam die große Überraschung: 1992 wurde mit einem Teleskop auf Hawaii ein mehrere hundert Kilometer großer Körper jenseits der Pluto- und Neptunbahnen entdeckt, 1993 ein zweiter, und 1995 ließ sich bereits hochrechnen, daß 30'000–40'000 solcher «Trans-Neptunischer Objekte» von mehr als 100 km Durchmesser existieren mußten, 4.5 bis 7.5 Milliarden Kilometer von der Sonne entfernt. Sie stellen einen völlig neuen Bestandteil des Planetensystems dar und sind wahrscheinlich die großen Brüder der Kometenkerne in Warteposition – von denen es bis zur Größe von einem Kilometer hinab 1–10 Milliarden geben dürfte. Der eben noch hypothetische «Kuipergürtel» der Eiskörper jenseits von Neptun war Realität geworden. Ein regelrechter Wettlauf um immer neue Entdeckungen begann, und da konnte auch Hubble nicht abseits stehen: Ein Kuiper Belt Search Team entstand.

Im April 1995 konnte es einen ersten Erfolg bekanntgeben: Etwa 59 Kandidaten für Kuipergürtel-Objekte hatte Hubble – wenn auch am Rande seiner Leistungsfähigkeit – aufgespürt. Man hatte 34mal dasselbe Himmelsareal mit je zehn Minuten Belichtungszeit aufgenommen und die Bilder zuerst genau übereinanderkopiert: Sterne und Galaxien konnten so erkannt und bei der weiteren Untersuchung gezielt eliminiert werden. Sodann wurden die Bilder wieder aufaddiert, nun aber jedes ein bißchen weiter verschoben – in einer Weise, daß ein typisches Kuiperobjekt genau an einer Stelle bleiben würde; 44 realistische Bahnen wurden ausprobiert. Als Gegenprobe wurde das Experiment mit 44 unrealistischen wiederholt, dann wurde auf den aufaddierten Bildern nach verdächtigen Lichtpunkten gesucht. Ergebnis: 244 Kandidaten bei der «realistischen» Verschiebung gegen 185 bei der unrealistischen. Es gibt einen markanten Überschuß wahrscheinlich echter Objekte, deren Helligkeit um die 28. Größenklasse liegt. So finster wäre auch der Kern des Halleyschen Kometen in diesem Abstand von der Sonne: Hubble scheint in der Lage zu sein, den Kuipergürtel der Kometenkerne direkt zu sehen! Hochgerechnet müßten ihm pro Quadratgrad am Himmel etwa 60'000 Kerne zugänglich sein und am ganzen Himmel 100 Millionen. Ein zweites Kometenreservoir in der vielfachen Sonnendistanz, die berühmte Oort-Wolke, bleibt allerdings auch Hubble (und jedem anderen denkbaren Teleskop) permanent verborgen.

Pluto

Pluto, der äußerste Planet des Sonnensystems, wurde erst 1930 entdeckt. Kein Wunder, beträgt doch seine durchschnittliche Entfernung von der Sonne 5.95 Milliarden Kilometer. Neuerdings wird ihm sogar der Charakter als Planet wieder streitig gemacht. Schuld daran ist Hubble, denn nach der Entdeckung der Kuipergürtel-Objekte wird auch Pluto neuerdings gern zu ihnen gezählt, deren größter Vertreter er dann wäre – Clyde Tombaugh, der ihn entdeckte, und seine Freunde kämpfen allerdings weiter dafür, ihn als vollwertigen Planeten zu bezeichnen. Eigentlich ist er sogar ein Doppelplanet, denn Plutos Mond Charon hat immerhin seinen halben Durchmesser: Eine solche Paarung gibt es im Sonnensystem kein zweites Mal. Noch keine Raumsonde

hat das seltsame Paar besucht, und so verdanken wir die schärfsten Bilder des Systems Hubble. Bereits 1990 war es ihm erstmals gelungen, beide Körper völlig getrennt zu zeigen. Für irdische Teleskope ist Charon nämlich stets nur eine Beule am Lichtklecks Plutos! Nach der Augenoperation Hubbles kamen noch wesentlich bessere Bilder: Auf dem winzigen Scheibchen Plutos wurden helle und dunkle Regionen sichtbar, über deren Natur freilich nur gerätselt werden kann. Erstaunliche Informationen stecken dagegen in der Bewegung der beiden Himmelskörper umeinander, die Hubble erstmals im Detail vermessen konnte: Beide kreisen um den gemeinsamen Schwerpunkt, und Hubble sah, daß Charon 11mal weiter davon entfernt war als Pluto, der also 11mal soviel Masse besitzt.

Bis zu diesem Zeitpunkt wußte man aus dem Abstand der beiden und ihrer Umlaufperiode nur, daß sie zusammen gerade einmal 1/400 der Masse der Erde besitzen. Später fügte es sich, daß sich Pluto und Charon viele Male gegenseitig bedeckten und verfinsterten. Ihre Durchmesser von 2320 und 1270 km verrieten, was Hubble auf ein Prozent genau nun direkt bestätigte. Nun ließ sich die Gleichung lösen: Pluto hat eine Dichte von 2.1 g/cm^3, Charon aber nur 1.4 g/cm^3. Pluto besteht also zu drei Vierteln aus felsigem Material, Charon aber ist ein großer Schneeball. Das paßt zu einer populären Theorie zur Entstehung des seltenen Doppelplaneten durch den Zusammenstoß eines «Proto-Charon» mit einem viel eisreicheren «Proto-Pluto», der dabei den Großteil seines Eismantels einbüßte, während

Pluto und sein Mond Charon – eher ein Doppelplanetensystem als Planet und Mond. So klar waren die beiden noch nie zu sehen: Über 4.4 Milliarden Kilometer hinweg sieht Hubble die beiden Himmelskörper klar getrennt (Quelle: ST-ECF und NASA).

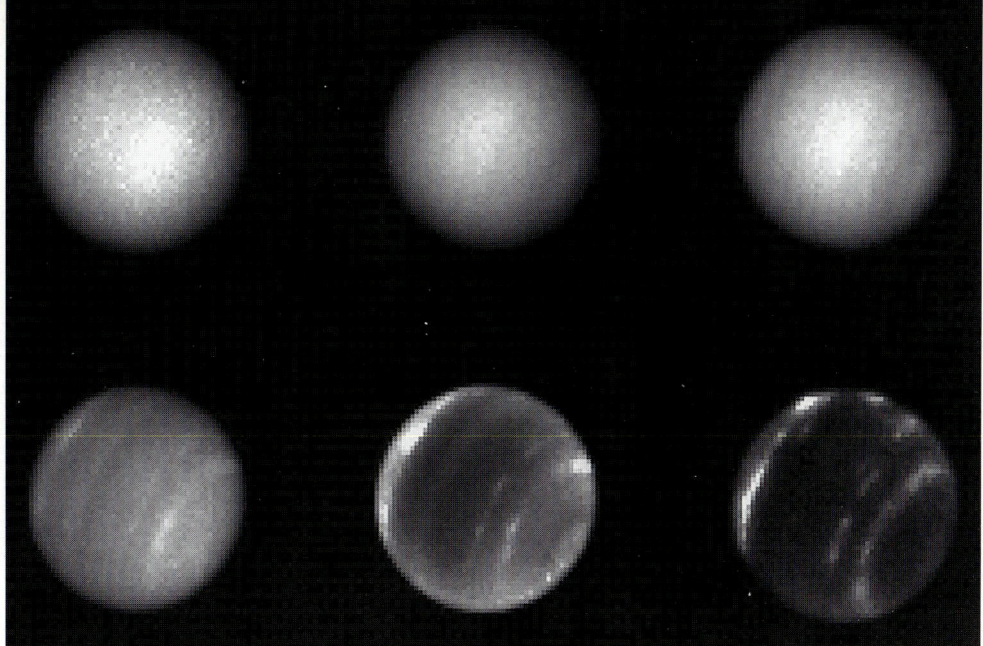

So sah Hubble den Gasplaneten Neptun im Juni 1994. Das schwarzweiße Bild zeigt Neptuns Wolken besonders kontrastreich: Es entstand bei 889 nm Wellenlänge, wo Methan in Neptuns tieferen Wolken fast alles Sonnenlicht schluckt und nur die höheren Wolkenbänder übrigbleiben (Quelle: D. Crisp + H. Hammel und NASA).

Charon eine Eiskugel blieb. Dafür sprechen auch die unterschiedlichen Spektren der beiden Körper und sogar ihre verschiedenen Farben: Charon ist deutlich blauer als Pluto, wie Hubble bei Aufnahmen des Paares durch verschiedene Filter feststellte.

Neptun

Eine ganz andere Welt als der feste Pluto ist der nächste Planet auf unserer Reise in Richtung Sonne: Neptun. Über 4.5 Milliarden Kilometer hinweg (mittlerer Sonnenabstand) erscheint seine 49'420 km große Kugel 2.3 Bogensekunden groß, für irdische Teleskope gerade mal ein diffuses Scheibchen – aber für Hubble eine dynamische Wolkenwelt. Im August 1989 flog die Raumsonde Voyager 2 dicht an Neptun vorbei und sichtete zahlreiche Wolkenbänder und dunkle Wirbelstürme, die von hellen Wolkenfetzen in großer Höhe begleitet wurden. Als Hubble mit geschärfter Optik im Sommer und Herbst 1994 erstmals wieder deutliche Bilder des fernen Gasplaneten aus Wasserstoff und Helium aufnehmen konnte, staunten die Astronomen nicht schlecht: Mehrere der 1989 so markanten dunklen Flecken sind verschwunden, dafür neue Wolkenstrukturen aufgetaucht. Selbst zwischen Juni und November 1994 spielten sich starke Änderungen ab, die man einem Planeten, der 30mal soweit von der Sonne entfernt ist wie die Erde, eigentlich nicht zutrauen würde.

Die dynamischen Veränderungen seiner Atmosphäre dürften mit einer starken inneren Wärmequelle zusammenhängen, die sich der Planet über Jahrmilliarden hinweg bewahrt hat. Für Atmosphärenforscher ist Neptun auf jeden Fall ein Lehrstück. Dank Hubble können die weiteren Veränderungen noch auf Jahre hinaus verfolgt werden.

Uranus

Die nächste Station auf unserer Reise ist Uranus, ein weiterer Gasplanet, der in seiner Zusammensetzung Jupiter ähnelt. 2.8 Milliarden km beträgt seine mittlere Entfernung von der Sonne. Als Voyager 2 im Jahre 1986 Uranus besucht hatte, sah der damals ausgesprochen eintönig aus: Seine wenigen Wolkengebilde konnten erst durch sorgfältige Bildverarbeitung sichtbar gemacht werden, ansonsten erschien er als eintönige grüne Gaskugel, umgeben allerdings von einem interessanten System dünner Ringe. Voyager hatte auch eine ganze Reihe kleiner Uranusmonde entdeckt, und als Hubble im August 1994 Aufnahmen von ihnen machte, um ihre Bahnen besser vermessen zu können, gab es eine gehörige Überraschung: Uranus selbst hatte jetzt etwas zu bieten! Die Aufnahmen enthüllen mehrere individuelle Wolken, deren Kontrast erheblich höher ist als alles, was es 1986 zu sehen gab. Die Ursache könnte darin liegen, daß sich die Beleuchtungsverhältnisse in den acht Jahren deutlich geändert haben. Die Rotationsachse des Uranus steht nicht wie bei den meisten Planeten ungefähr senkrecht auf der Bahn um die Sonne (bei der Erde ist der Neigungswinkel z.B. 23°), sondern liegt praktisch *in* der Bahnebene. 1986 stand die Sonne genau senkrecht über dem Südpol

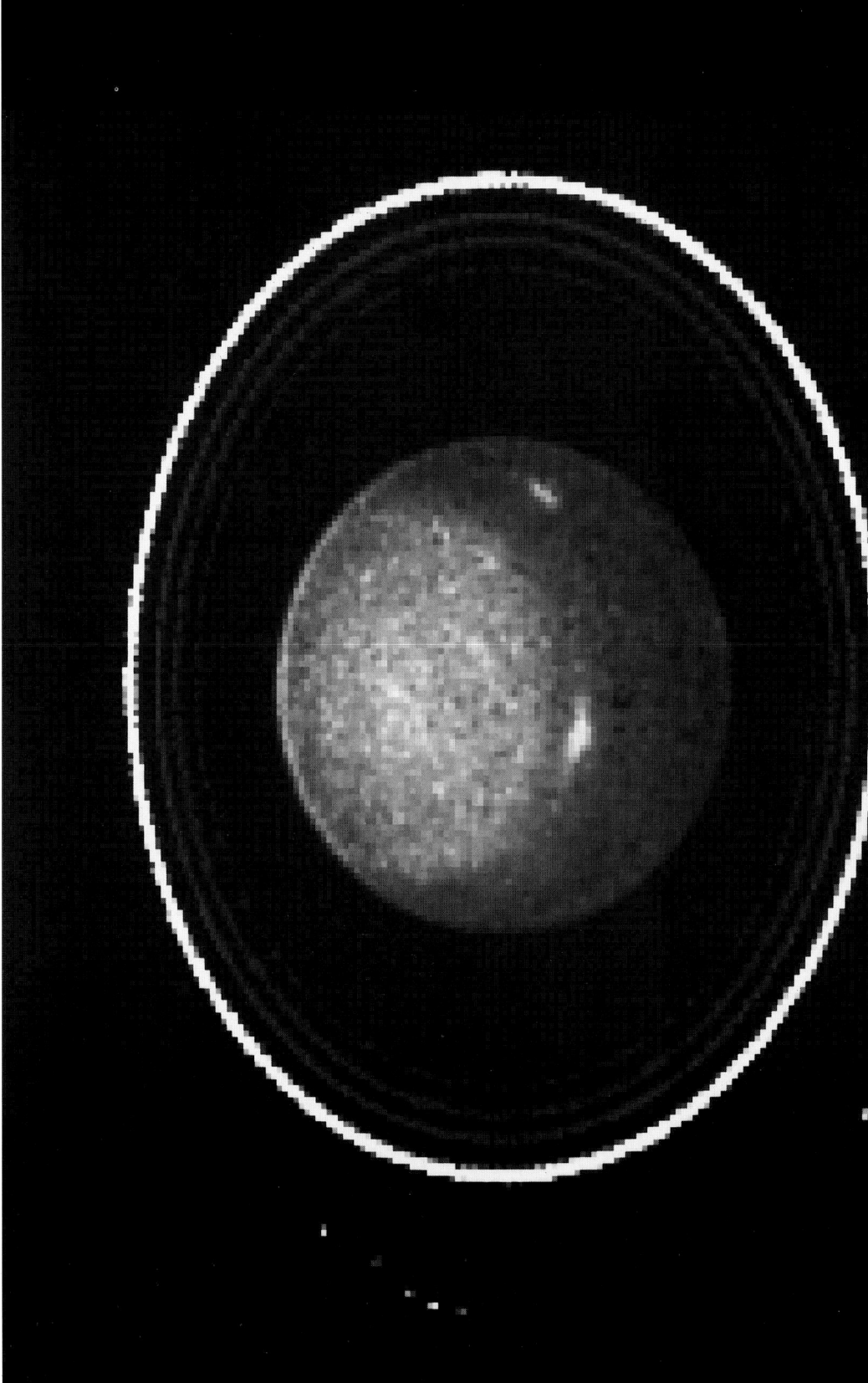

Uranus aus 2.8 Milliarden Kilometer Distanz im August 1994. Ebenfalls zu sehen sind mehrere der insgesamt 11 Uranusringe und als Serien von Lichtpunkten die kleinen Monde Cressida, Juliet und Portia (Quelle: K. Seidelmann und NASA).

des Uranus, und die beleuchtete Hemisphäre erhielt tagein, tagaus exakt dieselbe Strahlungsdosis. Aber 1994 stand die Sonne nur noch über 55° südlicher Breite, so daß sich im Laufe eines Tages der Sonnenstand für einen Punkt der Atmosphäre deutlich veränderte: Das könnte eine interessantere Meteorologie angeregt haben. Über eine innere Wärmequelle wie Neptun verfügt der Uranus nicht: Er ist ganz der Sonne ausgeliefert.

Saturn

Pluto, Neptun und Uranus wurden allesamt erst nach der Erfindung des Fernrohres entdeckt oder zumindest endgültig als Planeten erkannt – Saturn dagegen ist der zweitgrößte Planet des Sonnensystems und trotz der 1,4 Milliarden Kilometer Entfernung von der Sonne so hell, daß er zwischen den Sternen des Himmels sofort auffällt und seit dem Altertum als «Wandelstern» beobachtet wird. Seine größte Besonderheit freilich enthüllte erst das Teleskop der Neuzeit: ein spektakuläres Ringsystem, das an Komplexität und schierer Helligkeit die Ringe der anderen Gasplaneten bei weitem in den Schatten stellt. So war es selbst dem optisch angeschlagenen Hubble im Sommer 1990 kein Problem, ein dramatisches Bild des Ringplaneten aufzunehmen (vgl. S. 50). Es zeigte in den Ringen mehrere Lücken, von denen die zweitbreiteste, die sogenannte Encke-Teilung, noch nie – außer von Raumsonden – photographiert worden war. Richtig brillieren konnte das Weltraumteleskop, das eigentlich für die Tiefen des Universums ausgelegt ist, im Herbst 1990, als in der Wolkendecke des Planeten selbst ein gewaltiger Sturm losbrach. Von einem Tag auf den näch-

sten war Ende September ein heller weißer Fleck auf dem Planeten erschienen, den in den kommenden Wochen komplizierte Windströmungen auseinanderzogen. Mit erheblicher Kraftanstrengung gelang es, den damals noch sehr störanfälligen Satelliten für die systematische Überwachung des Sturmes zu programmieren.

Das Ergebnis war ein vielbestaunter kleiner Zeitrafferfilm. Die einzelnen Aufnahmen zeigen in weit höherer Schärfe, als es von der Erde aus möglich war, wie sich die weißen Wolken entwickelt hatten. Genau ein Jahr nach der Installation der neuen Kamera (Dezember 1994) brodelte es auf dem Saturn ein zweites Mal. Inzwischen war recht genau verstanden worden, was sich 1990 abgespielt hatte und was sich nun in allerdings weit kleinerem Maßstab wiederholte: Das Phänomen läßt sich entfernt mit einer irdischen Gewitterwolke vergleichen. Ein warmes Atmosphärenpaket steigt aus noch nicht ganz klaren Gründen aus der Tiefe auf, durchbricht die normalerweise nicht besonders aufregenden Wolkenbänder und kühlt sich dann ab: Die Ammoniak-Bestandteile kondensieren aus und bilden brillante weiße Kristalle, die schon mit kleinsten Fernrohren von der Erde aus zu sehen sind – über mehr als eine Milliarde Kilometer hinweg. Aber nur Hubble ist in der Lage, die genaue Gestalt der Wolke wahrzunehmen: Die Keilform, die sie ein knappes Vierteljahr nach ihrer Entstehung angenommen hat, zeichnet genau nach, wie unterschiedlich schnell Saturns Winde in unterschiedlichen Breiten sind.

Ungefähr alle 15 Jahre ergibt sich eine Konstellation, in der Beobachter von der Erde aus genau die Kante von Saturns Ringsystem beobachten können. Für kleinere Fern-

Es stürmt auf Saturn: Der
erste, viel größere Sturm fand
1990 statt (links), der zweite
Ende 1994 (Quelle: R. Beebe et
al. und NASA).

May 1995

Dione

Tethys

01:50:20.55 UT

Pandora

Janus

Rhea

06:24:20.55 UT

Janus

Enceladus

Rhea

08:02:20.55 UT

Die Erde durchquert die Ebene der Saturnringe am 22. Mai 1995: Kurz vorher erscheint das sonst so majestätische Ringsystem nur noch als sehr dünner Strich (oben), dann schauen Erde und Hubble auf die unbeleuchtete Seite der Ringe. Gleichwohl sind sie immer noch schwach sichtbar, wie die Serie der drei Aufnahmen unten zeigt: In den Fenstern rechts ist die Helligkeit drastisch verstärkt worden, und mehrere kleine Monde innerhalb der Ringe werden sichtbar. Janus zum Beispiel läßt sich nur in solchen Zeiten sicher beobachten (Quelle: A. Bosh und NASA).

Gegenüberliegende Seite: Die Oberfläche des Saturnmondes Titan: Die Aufnahmen Hubbles sind relativ flau, weshalb hier viele im Computer zu einem Globus des Titan zusammengefügt wurden, der in dieser Darstellung wiederum von vier verschiedenen Seiten betrachtet wird (Quelle: P. Smith, M. Lemmon und NASA).

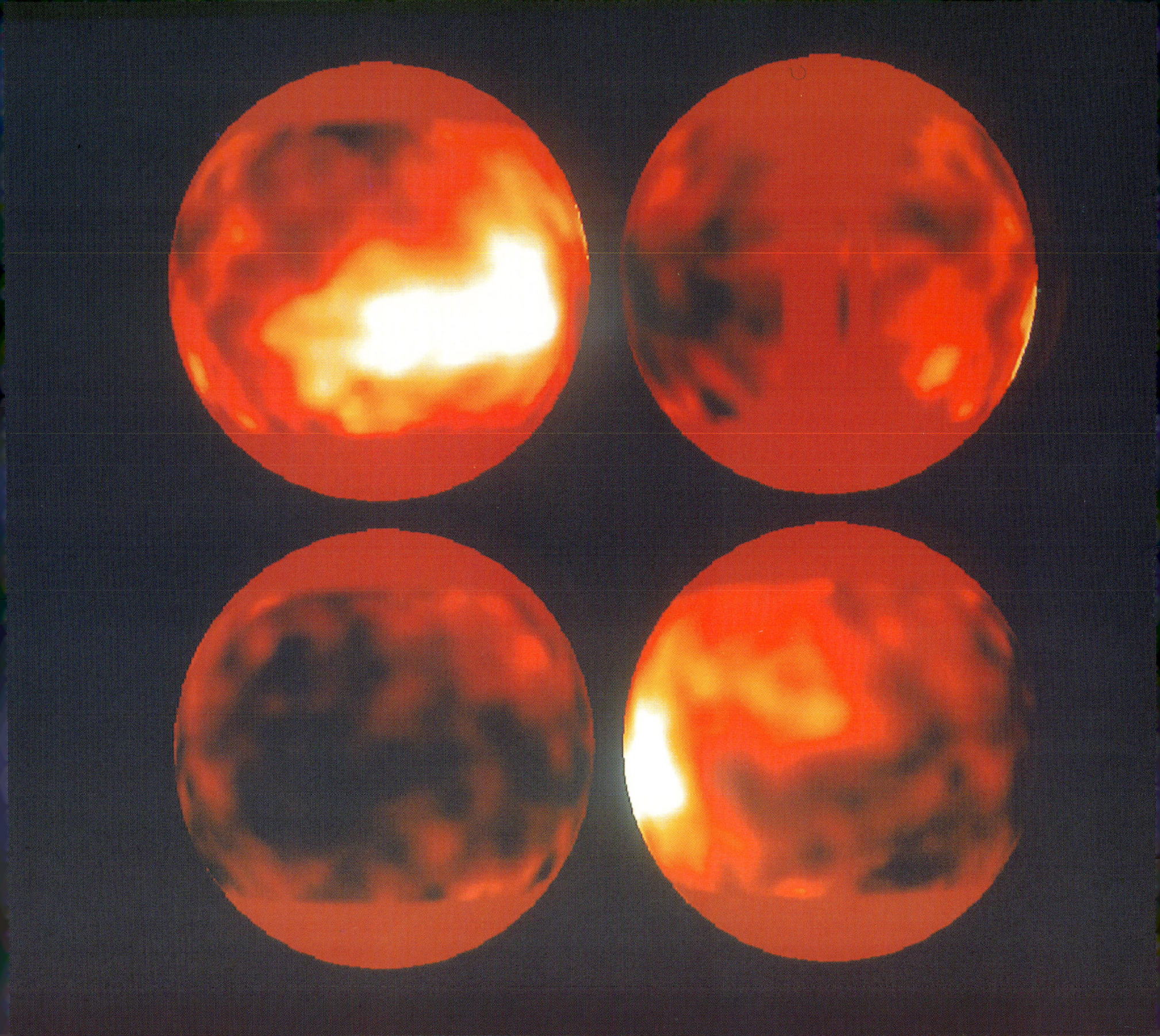

rohre am Erdboden verschwinden die Ringe dann einfach, doch für Hubble sind Saturns Ringkantenstellungen viel interessanter. Am 22. Mai 1995 war es wieder soweit: Das Weltraumteleskop machte in rascher Folge Aufnahmen der zu einem dünnen Strich geschrumpften Ringe. Selbst im Moment des Kantendurchgangs verschwanden sie nicht völlig. Trotz einer Dicke von nur wenigen Dutzend Metern wirft auch die Ringkante selbst noch etwas Sonnenlicht zurück. Ringebenendurchgänge bei Saturn haben eine hohe wissenschaftliche Bedeutung: Die Eigenschaften der Ringe selbst lassen sich von der Seite gut untersuchen, kleine Monde innerhalb der Ringe oder dicht an ihrem Rand aufspüren, und auch der Anblick von Saturn selbst ist nun weniger «gestört», als wenn die hellen Ringe einen Teil abdecken.

Saturn ist nicht nur wegen seiner Ringe und der in einem geheimnisvollen 57jährigen Zyklus wiederkehrenden großen weißen Wolken berühmt: Er besitzt auch einen Mond von der Größe eines ausgewachsenen Planeten – er ist größer als Merkur! –, der überdies von einer dichten Atmosphäre verhüllt wird – nicht nur ein riesiger Mond also, sondern auch der einzige mit einer ausgeprägten Atmosphäre. Dieser zu Recht Titan genannte Himmelskörper enttäuschte die Freunde spektakulärer Raumsondenaufnahmen, als 1980 Voyager 1 dicht an ihm vorbeiflog: Die Wolken waren ziemlich eintönig und undurchdringlich. Dafür offenbarte aber seine Atmosphäre eine erstaunliche Chemie, die gewisse Parallelen mit der jungen Erde aufwies (so besteht sie wie unsere mehrheitlich aus Stickstoff), aber über den Körper darunter konnte nur spekuliert werden. Es wurde meist angenommen, daß er voll-

ständig von einem Ozean aus flüssigem Methan bedeckt sei, weil dieses Gas in der Atmosphäre vorkam und ständig nachgeliefert werden muß – aber dann wurden von der Erde gebündelte Radarimpulse zu dem fernen Saturnmond geschickt. Als diese erstaunlich stark wieder zurückgeworfen wurden, stand fest: Zumindest Teile der Oberfläche waren Festland. Schließlich fand man heraus, daß die dichte Atmosphäre bei ganz bestimmten Wellenlängen im Nahen Infrarot doch durchsichtig ist und von Hubble beobachtet werden kann.

Im Oktober 1994 wurde die Oberfläche des Mondes von Hubble systematisch abgelichtet und daraus im Computer ein Globus erstellt: Große Bereiche Titans sind dunkel, aber es gibt ein auffallend helles Gebiet von der Größe Australiens, über dessen Natur seither heftig diskutiert wird. Ist es ein Kontinent, der aus einem großen Ozean ragt? Das kann nicht sein, denn der Wellenschlag an den Gestaden eines solches Ozeans während des Gezeitenwechsels würde so viel Bahnenergie Titans abführen, daß dessen Bahn um Saturn ein perfekter Kreis würde – sie ist aber elliptisch. Himmelsmechanisch gesehen kann Titan also allenfalls von vielen kleinen, nicht miteinander verbundenen Seen bedeckt sein (dann ist die Gezeitenreibung erheblich geringer), aber wie paßt das mit der Hubble-Karte zusammen? Eines ist auf jeden Fall gewiß: Wenn Anfang des 21. Jahrhunderts die Raumsonde Cassini die kamerabestückte Kapsel Huygens durch die Wolken Titans auf dessen Oberfläche sinken läßt, wird sie einen noch interessanteren und rätselhafteren Mond vorfinden, als man sich nach dem Voyager-Besuch hätte träumen lassen.

Jupiter im Fadenkreuz

Der Riese aus Gas lädt auf unserer Reise ganz besonders zum Verweilen ein, hat er doch 1994 weltweit für Schlagzeilen gesorgt. Der größte und interessanteste der vier Gasplaneten ist doppelt so groß wie alle anderen Planeten zusammen (er besitzt die 318fache Erdenmasse!), aber dennoch gegen die Sonne, von der er durchschnittlich 778 Millionen Kilometer entfernt ist, ein Zwerg. Mit der Vielfalt seiner Phänomene und ihrer Farbenfreude können weder die Wolken von Saturn noch Uranus oder Neptun mithalten. Trotz seines Sehfehlers begann Hubble früh mit der systematischen Überwachung ihrer Veränderungen, seit der Reparatur erreichen die Bilder wahrlich eine Qualität, wie sie sonst nur Raumsonden aus der Nähe des Planeten liefern. Jupiter allein war also schon interessant genug als Untersuchungsobjekt für Hubble – aber dann wurde im Frühjahr 1993 ein Komet entdeckt, der, wie im Mai jenes Jahres erstmals gemutmaßt wurde, auf Jupiter stürzen könnte. P/Shoemaker-Levy 9 hieß er nach seinen Entdeckern, und sein ungewöhnliches Aussehen allein rechtfertigte die wiederholte Beobachtung durch Hubble: Bei einem knappen Vorbeiflug an Jupiter 1992 war er in rund 21 Fragmente zerbrochen, die nun wie eine Perlenkette durch den Weltraum zogen, und zwar auf einer äußerst ungewöhnlichen Bahn, die nicht um die Sonne, sondern um den Planeten Jupiter führte! Hubbles Aufnahmen sollten nun klären helfen, wie groß die Fragmente waren: Davon würde entscheidend abhängen, wie groß die Folgen sein würden, wenn es tatsächlich zur Kollision kommen würde. Doch die ersten Bilder vom Sommer 1993 gaben keine klare Antwort.

Ungefähr zur Zeit der Hubble-Reparatur stand dann jedoch eindeutig fest: Alle Trümmerstücke Shoemaker-Levys würden im Juli 1994 auf Jupiter stürzen, mit Geschwindigkeiten von 60 Kilometern pro *Sekunde*. In immer rascherer Folge nahm Hubble jetzt die länger und länger werdende «Perlenkette» auf, die schon längst nicht mehr in ein einzelnes Bildfeld der Kamera paßte. Jedes Trümmerstück war zu einem richtigen kleinen Kometen geworden. Da gab es einen Kopf aus Staub und – wahrscheinlich – Gas, den die Sonnenstrahlung aus dem winzigen Kometenkern herausgetrieben hatte, und einen Schweif, der von der Sonne wegzeigte, Folge des Strahlungsdrucks des Sonnenlichts auf die Staubteilchen. Inmitten des Kometenkopfes war der Staub wesentlich dichter und scharte sich kugelförmig um ein Zentrum – eindeutiger Hinweis, daß dort ein fester Kern saß, der weiterhin Staub abgab. Allein, den Kern selbst zu sehen oder seine Existenz auch nur zweifelsfrei nachzuweisen und einen Durchmesser anzugeben, gelang auch Hubble nicht: Die Fragmente konnten höchstens einige Kilometer groß sein – und die Voraussagen über die möglichen Effekte der ersten Kollision von Himmelskörpern im Sonnensystem gingen weit auseinander. Sie reichten von spektakulär bis unmeßbar, die meisten Wissenschaftler tippten auf letzteres. Man werde die Spuren der Einschläge nur mit größter Mühe in den komplizierten Wolkenstrukturen Jupiters wiederfinden, wurde noch vor dem ersten Crash geunkt.

Dennoch: Das Jahrhundertereignis der beobachtenden Astronomie war natürlich Grund genug, Hubble wie auch praktisch jede andere Sternwarte auf Erden während der Einschläge vom 16. bis 22. Juli 1994 und auch in den

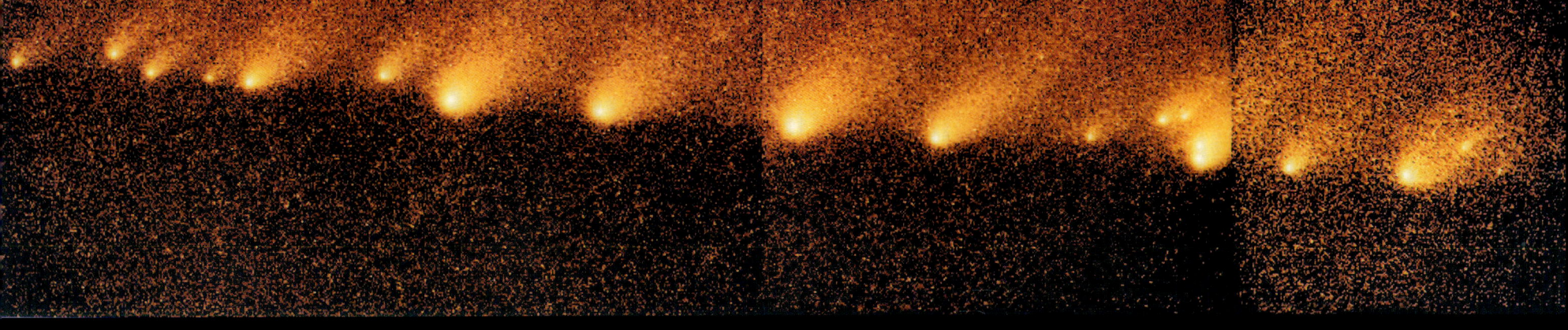

Wochen danach alle erdenklichen Beobachtungen vornehmen zu lassen. Mehrere umfangreiche Sonderprogramme waren vorbereitet worden, und vor allem von Hubbles Kamera wurde viel erhofft. Während der Einschläge, die inzwischen auf ein paar Minuten genau vorausgesagt worden waren, sollten, wann immer es der Betrieb des Satelliten zuließ, im schnellstmöglichen Rhythmus von 3 Minuten Aufnahmen des Jupiterrandes gemacht werden. Knapp hinter dem Rand sollten die Kometenfragmente einschlagen; Modellrechnungen in Supercomputern hatten vorausgesagt, daß Minuten später eine große Gasblase über Jupiters Wolken so hoch aufsteigen würde, daß sie über den Horizont ragen könnte. Sodann sollte die Einschlagsregion aufgenommen werden, wenn sie einige Minuten später auf die von der Erde sichtbare Seite rotiert war – vielleicht würden hier neue weiße Wölkchen aus ausgefrorenen Gasen zu sehen sein, analog zu den weißen Sturmflecken auf Saturn.

Doch leider konnte dieses anspruchsvolle Beobachtungsprogramm nur teilweise ausgeführt werden. Die Umlaufbahn Hubbles erzwang immer wieder Beobachtungspausen, wenn die Erde im Weg stand. Andere, «normale» Astronomen meldeten ihre Ansprüche an und wollten weiterhin lieber ferne Galaxien beobachten – Hubble konnte zwar am besten sehen, was auf Jupiter wirklich passierte, doch es konnte nur sporadisch eingesetzt werden.

So war es ein glücklicher Zufall, daß eines der Beobachtungsfenster des Weltraumteleskops genau mit dem Ab-

sturz des ersten Fragments, A, zusammenfiel. Doch während schon die ersten schemenhaften Berichte über eine Explosion am Jupiterrand um den Erdball rasten, die verschiedene größere Sternwarten ausgemacht hatten, mußte die Welt auf die ersten Hubble-Bilder mangels eines freien Satellitenkanals für die Datenübertragung stundenlang warten. Aber dann kamen die Bilder in der wissenschaftlichen «Bodenstation», dem Space Telescope Science Institute in Baltimore, USA, an – und da war tatsächlich eine auffällige Gasblase, die ihren Kopf über den Rand Jupiters und ins Sonnenlicht reckte! Kurz darauf wurden auch Bilder übertragen, die die Einschlagsstelle auf der Vorderseite Jupiters zeigten: ein eindrucksvoller schwarzer Fleck, den ein halbmondförmiger Hof umgab. In der Folgezeit gelangen Hubble vom Einschlag oder den Einschlagsspuren der etwa 20 Fragmente jeden Tag Dutzende von weiteren Aufnahmen, am Ende waren es rund 400. Besonders beeindruckend waren die Aufnahmen im ultravioletten Licht, in dem der Planet ein ganz anderes Gesicht hat und die dunklen Flecken, die die meisten Impakte hinterließen, noch dramatischer aussahen als im sichtbaren Licht. Im infraroten Licht dagegen ist Jupiter ausgesprochen dunkel, weil Methanspuren in seiner Atmosphäre das Sonnenlicht größtenteils verschlucken. Hier erschienen die Einschlagsflecken hell: Das bewies, daß sie hoch in der Stratosphäre des Planeten angesiedelt waren. Es konnte sich also nicht um «Krater» handeln, die viele zu sehen glaubten!

Die spektakulärsten Beobachtungen gelangen Hubble beim Einschlag des G-Fragments. Normalerweise wird die Ausrichtung des Teleskops bei der Planung von Beobachtungen Monate im voraus festgelegt. Doch weil die Einschlagszeitpunkte nicht exakt bekannt waren, wußte niemand, wo auf Jupiter zu einem Zeitpunkt 1½ Stunden nach dem G-Impakt der schwarze Fleck sein würde. Die Koordinaten mußten folglich in Echtzeit berechnet und zum Teleskop gefunkt werden, sobald der Einschlag stattgefunden hatte. Das Wagnis gelang, der Spektrograph landete genau über der frischen G-Wolke. Für die Interpretation der chemischen Prozesse im sich abkühlenden Feuerball der Explosion waren die hier gewonnenen Daten von großer Bedeutung. Molekularer Schwefel, Kohlenstoffdisulfid und Ammoniak wurden nachgewiesen – für die Modellierung der chemischen Prozesse wichtige Anhaltspunkte. Schließlich wollte man das Jahrhundertereignis in der Astronomie nicht nur photographieren, sondern möglichst detailliert untersuchen.

Insgesamt gelang Hubble viermal die unmittelbare Beobachtung eines Einschlags, außer von A und G auch von E und dem letzten Impakt, W. Jedesmal war der Ablauf ähnlich: Zuerst erschien die ungefähr kugelförmige Gasblase, dann sackte sie binnen Minuten zu einem Pfannkuchen zusammen und legte sich flach auf die obere Atmosphäre, wo sie als ausnehmend dunkle Wolke auf die Vorderseite Jupiters rotierte. Das dunkle Material mußte sofort nach jedem Einschlag entstanden sein, denn die Gasblase («Plume» im Jargon der Kometencrashkundler) war bereits dunkel, wenn sie am Jupiterrand auftauchte – nur gegen den schwarzen Weltraum erschien sie hell. Wahrscheinlich bestanden die Wolken aus komplexen organischen Verbindungen, die sich in den auskühlenden Feuerbällen der Explosionen nach den Einschlägen bildeten. Die genauere Inspektion der Bildserien Hubbles von den Einschlägen G und W zeigte auch, daß es sowohl zeitgleich mit den Explosionen – die ja weit hinter dem Horizont stattfanden – als auch einige Minuten danach schwache Leuchterscheinungen dicht neben Jupiters Rand gegeben hatte, noch bevor die Plume ins Sonnenlicht trat. Erst im genauen Vergleich mit parallelen Beobachtungen von irdischen Sternwarten konnten diese Phänomene verstanden werden: Offenbar hatte es Hubble zumindest beim G-Impakt geschafft, das gerade in die Jupiteratmosphäre eindringende Kometenfragment aufzunehmen. Beim Kontakt mit der Atmosphäre begann das Leuchten wie bei einem Meteoriten, der in die Atmosphäre der Erde eindringt und zu einer Feuerkugel wird. Bei mehreren Einschlägen hatte Hubble auch den noch heißen Feuerball kurz nach den Explosionen gesehen, als er gerade über Jupiters Horizont gestiegen war und im eigenen Licht strahlte.

Vielleicht noch überraschender als die Tatsache, daß von den Einschlägen auf der Jupiterrückseite so viel «live» zu sehen war, war aber, wie lange die Spuren bestehen blieben. In weiser Voraussicht hatte das Hubble-Team auch für die Tage nach Ende der Einschläge und für mehrere Wochen danach noch Beobachtungszeit reserviert. So konnte es verfolgen, wie die anfangs wohlgeordneten dunklen Flecken rasch von den Windströmungen Jupiters zerzaust und zu einem regelrechten Band verschmiert wurden. Das ging so schnell, daß anhand der zeitlich verstreuten Hubble-Bilder allein gar nicht verfolgt werden kann, welches Wolkenstück wohin wanderte: Erst im Zu-

Der spektakulärste Einschlag von Kometenfragment G am 18. Juli 1994. Die Montage von Hubble-Aufnahmen zeigt ganz unten die Explosionswolke, die über den Jupiterrand hoch ins Sonnenlicht gestiegen ist, dann die Einschlagsstelle 1 1/2 Stunden später sowie die weitere Entwicklung der dunklen Einschlagswolken (Quelle: H. Hammel und NASA).

sammenspiel mit vielen erdgebundenen Aufnahmen wird es vielleicht einmal gelingen, die Strömungen im Detail nachzuvollziehen. Die Hubble-Beobachtungen endeten am 25. August, weil der Planet der Sonne dann zu nahe gerückt war, aber im Februar 1995 konnten sie wieder aufgenommen werden. Das auffällige dunkle Band war praktisch verschwunden. Die wenigen verbliebenen dunklen Wolkenfetzen ließen sich nicht einmal mehr eindeutig den Impakten oder der normalen Jupitermeteorologie zuordnen. Allerdings konnte Hubble die Einschlagspuren sowohl im Ultravioletten als auch im Infraroten auch weiterhin erkennen. Zu diesem Zeitpunkt hatte die Routinebeobachtung des Riesenplaneten wieder begonnen, diesmal im Hinblick auf die Ankunft der Raumsonde Galileo im Dezember 1995. Ihr Bildfeld wird aus einem Orbit um Jupiter heraus nur einen winzigen Ausschnitt der Planetenscheibe umfassen. Welche Regionen am interessantesten aussehen, wird vor allem anhand von Hubble-Aufnahmen lange im voraus programmiert sein. Hubble hatte ganze Arbeit geleistet. War das Teleskop, das ja 1990 mit so großen Erwartungen gestartet war, bis zu seiner Reparatur sehr umstritten, so hat es durch die faszinierenden Bilder beim Kometencrash auf Jupiter sein Meisterstück abgeliefert.

Machen wir noch einen Abstecher zu Jupiters großen Monden; auch sie sind für Hubble bereits eigene Welten. Der interessanteste ist fraglos Io, der vulkanisch aktivste Körper des ganzen Sonnensystems, der seine eigene Oberfläche ständig neu gestaltet. Da ihn Raumsonden nur sporadisch besuchen können, empfiehlt sich Hubble für eine regelmäßige Überwachung. Schon vor der Reparatur konnte das Teleskop eine Menge Details ausmachen. Im visuellen

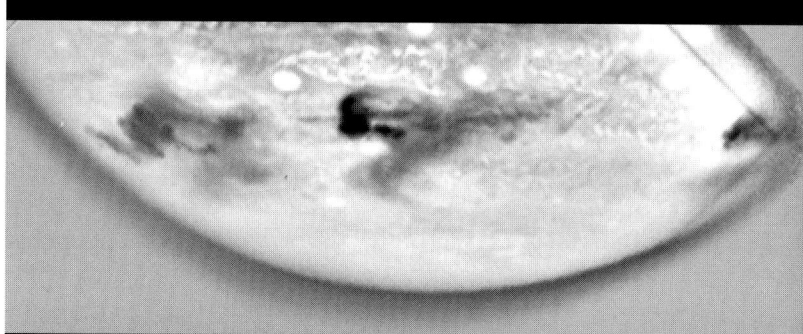

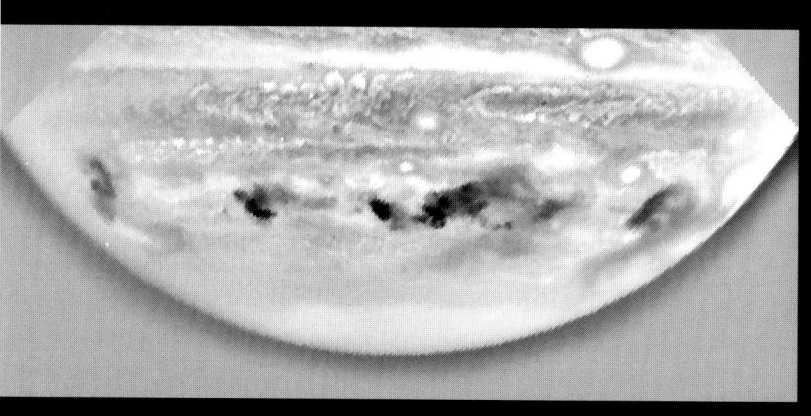

Jupiter sieben Monate nach den Einschlägen: Zumindestens im visuellen Spektralbereich sind die Wolken bis auf vereinzelte Flecken zu schwach geworden, um sie noch klar sehen zu können (Quelle: R. Beebe und NASA).

Spektralbereich sah Io genauso aus wie 1979 für die Voyager-Sonden, aber im Ultravioletten gab es große Unterschiede. Im Sichtbaren helle Gebiete waren jetzt dunkel, vermutlich bedeckt von Schwefeldioxidfrost, der UV-Strahlung stark absorbiert, sichtbares Licht aber zurückwirft. Bilder nach der Optikschärfung ließen sogar einzelne Vulkane wiedererkennen, die einst die Voyagers entdeckten, zum Beispiel Pele. Und weil Hubble eine größere Auswahl an Farbfiltern zur Verfügung steht, wurde erst jetzt klar, daß das Auswurfmaterial dieses Vulkans eine ungewöhnliche Zusammensetzung hat und vermutlich reich an Natrium ist. Auch auf dem Jupitermond Europa machte Hubble eine Entdeckung: Er besitzt eine extrem dünne Sauerstoffatmosphäre, die eine Reihe komplizierter Prozesse permanent aus seiner Eiskruste freisetzen.

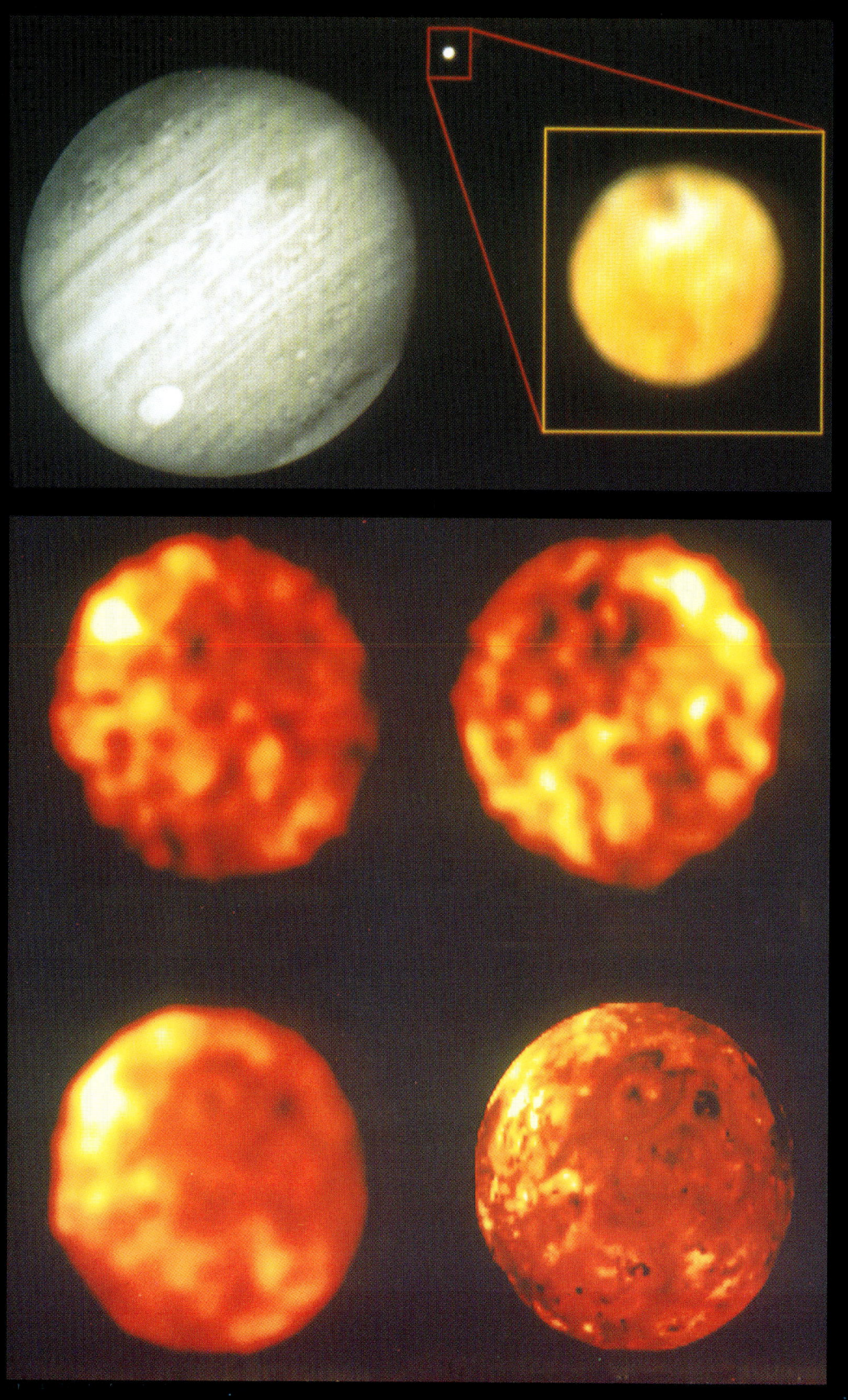

Der Jupiter und sein Mond Io im Größenvergleich (ganz oben). Io-Aufnahmen vom März 1992 (obere Zeile) und der Raumsonde Voyager 1979 (unten rechts), die künstlich auf Hubble-Auflösung gebracht wurde (unten links). Mit diesem Bild kann das Hubble-Bild (oben links) verglichen werden: Die vulkanische Landschaft hat sich kaum verändert. Hubbles Bild im Ultravioletten (oben rechts) zeigt dagegen ein anderes Bild: Im Visuellen helle Gebiete erscheinen nun dunkel (Quelle: F. Paresce, P. Sartoretti und NASA).

Die Planetoiden

Setzen wir unsere Reise in Richtung Mars fort, haben wir nun eine schwierige Strecke vor uns.

Zwischen Jupiter und Mars gibt es zwar keine großen Planeten, wohl aber Abertausende von kleinen Planetoiden von wenigen Metern bis zu 1000 km Durchmesser, die unsere Bahn kreuzen. Diese Planetoiden bewegen sich meist zwischen Mars und Jupiter. Die Schwerkraft Jupiters hat sie daran gehindert, jemals zu einem großen Körper zusammenzufinden. Für irdische Teleskope sind es fast immer nur Lichtpunkte, die über den Himmel ziehen. Astronomen, die nur der Weltraum jenseits des Sonnensystems wirklich interessiert, diskriminieren sie zuweilen als «Ungeziefer des Himmels». In Wirklichkeit ist aber jeder kleine Planet eine Welt für sich. Spätestens seit die Galileosonde auf ihrem Jupiterkurs an zweien vorbeigeflogen ist und sie im Detail photographierte (und bei einem, Ida, gar einen Mond entdeckte), steigt das Interesse an diesen Körpern enorm. Schon vor seiner Reparatur riskierte das Weltraumteleskop öfters einmal einen Blick auf einen Planetoiden, dessen geschätzter Durchmesser versprach, daß sich eine Aufnahme lohnen würde. So wurde zum Beispiel der Miniplanet Fortuna 1993 aus 231 Millionen Kilometer Entfernung aufgenommen – viel lernen konnte man daraus nicht. Gelegentlich verirrt sich ein Kleinplanet auch einmal in die Nähe der Erde. So versuchte sich Hubble im Dezember 1992 an dem nur wenige Kilometer großen Toutatis, der sich bis auf 4.4 Millionen Kilometer genähert hatte. Mehr als einen sternartigen Lichtpunkt zeigten die Bilder damals trotzdem nicht, aber dafür hatte Hubble einen Rekord für die Geschwindig-

keit der Nachführung eines Objekts am Himmel aufgestellt: Obwohl sich Toutatis mit fast einer Bogensekunde pro Zeitsekunde bewegte – in einem größeren Fernrohr hätte man ihm dabei zuschauen können –, konnte ihm Hubble folgen.

Den bedeutendsten Erfolg in Sachen Asteroidenbeobachtung erzielte Hubble allerdings bei Vesta, einem der großen Planetoiden, mit 525 Kilometern Durchmesser neben Ceres, Juno und Pallas der bekannteste dieser Miniplaneten: Eine komplette Rotation mit einer Periode von 5.3 Stunden hat das Teleskop Ende 1994 aufnehmen können. Ein Himmelskörper, der bequem zwischen Köln und München Platz hätte, wird aus 252 Millionen Kilometer Distanz photographiert: Da sind Details von 80 km Größe, die zu erkennen sind, eine gute Leistung, wenn sie auch wissenschaftliche Schlüsse nur beschränkt zulassen. Zusammen mit Infrarotbeobachtungen der ESO wird sich jedoch eine geochemische Karte seiner Oberfläche erstellen lassen. Schon jetzt weiß man, daß Vesta der geologisch diverseste der großen Asteroiden ist und der einzige mit auffälligen hellen und dunklen Gebieten – ganz ähnlich wie auf unserem Mond. Spektroskopie von der Erde aus zeigte basalthaltige Regionen: Es floß einmal Lava auf Vestas Oberfläche, der Asteroid hatte ein geschmolzenes Inneres. Eine Möglichkeit ist, daß bei Vestas Bildung auch radioaktives Material mit eingebaut wurde, vermutlich übriggeblieben von einer Supernova in der Nähe des Ortes, wo bald darauf die Sonne und ihre Planeten entstehen sollten. Das heiße strahlende Isotop ließ dann den Kern schmelzen, und der Asteroid wurde zu einem differenzierten Körper – wie die terrestrischen Planeten! Eigentlich müßte man Vesta neben Mars, der Erde

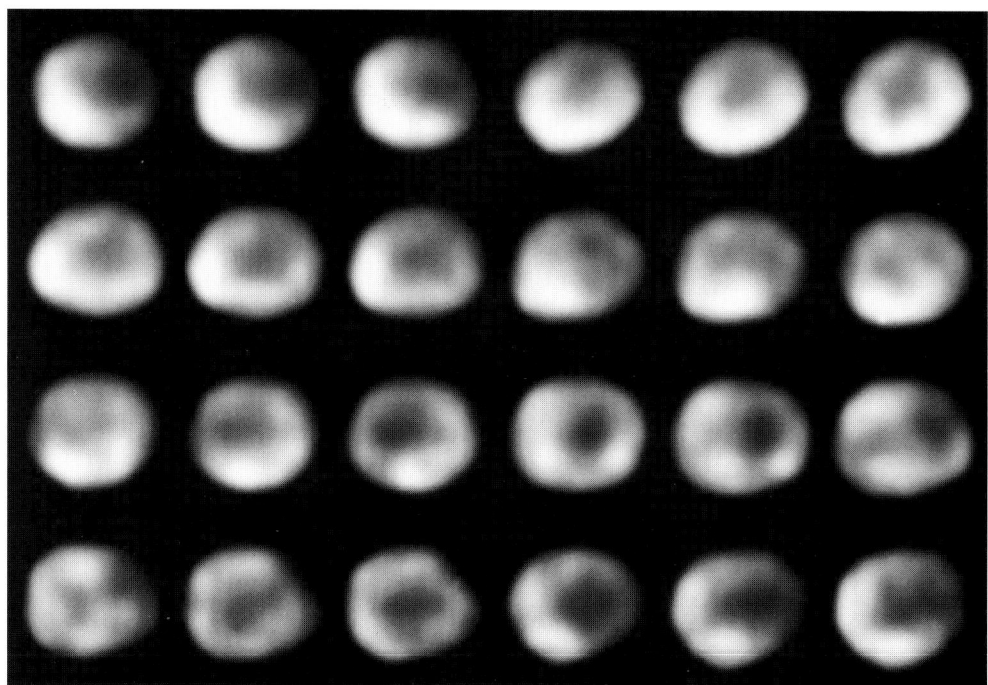

Der Kleinplanet Vesta in Rotation. Der Winzling ist nur 525 km groß und 251 Millionen Kilometer von der Erde und Hubble entfernt. Dennoch lassen sich 80 Kilometer große Details erkennen (Quelle: B. Zellner und NASA).

und ihrem Mond, Venus und Merkur als sechsten erdähnlichen Planeten anerkennen, auch wenn er mit 500 Kilometern etwas klein geraten ist. Kurz nach seiner Entstehung, vor mehr als 4 Milliarden Jahren, drang Lava bis zur Oberfläche vor, die sich seitdem bis heute nicht mehr verändert hat: Schemenhaft sehen wir hier eine der ältesten Oberflächen des ganzen Sonnensystems. Im Gegensatz dazu sind die beiden Asteroiden, die Galileo besuchte, Gaspra und Ida, erst vor ein paar 100 Millionen Jahren durch Kollisionen von anderen Körpern abgebrochen worden und dokumentieren eher, was in der geologischen Gegenwart im Asteroidengürtel geschieht.

Wie alle anderen Körper im Sonnensystem wurde auch Vesta vereinzelt durch Impakte kleinerer Asteroiden in den letzten 4 Milliarden Jahren heimgesucht. Die größeren rissen etwas von der Kruste ab, wodurch an manchen Stellen der tiefere Mantel aus Olivin freigelegt wurde. An einer Stelle ist dunkel ein großes Einschlagbecken auszumachen. Manche Krustenbruchstücke Vestas haben es sogar bis zur Erde geschafft, erkennbar durch eine eindeutige Spektralsignatur von Pyroxen, das häufig in Lava vorkommt. Eine ganze Reihe von Vesta-«Splittern» bevölkert heute noch den Asteroidengürtel. Solche kosmische Bomben können sogar der Erde gefährlich werden. Der Riesenplanet Jupiter mit seinen gigantischen Kräften kann durchaus für chaotische Bahnänderungen kleinerer oder größerer Brocken in diesem Asteroidengürtel sorgen, die in der Folge auf Kollisionskurs zur Erde oder zum Mars gehen können. Die Abbildung zeigt ein solches Bruchstück von Vesta, das 1960 in Australien landete: den Meteoriten von Millbillillie, der fast vollständig aus Pyroxen besteht.

Ausgelöst durch den Kometencrash auf Jupiter, hat auch die Diskussion um die Gefährdung der Erde durch Rowdies aus dem Weltall wieder zugenommen. Prominente Kometenforscher suchen nach NEOs (Near Earth Objects) und versuchen, sie zu katalogisieren. Doch auch wenn ein Crash mit einem größeren Körper, der den Planeten Erde zerstören würde, als relativ unwahrscheinlich gelten kann – kleinere Einschläge muß die Erde wie alle Planeten laufend hinnehmen. Auch sie können auf bewohntem Gebiet katastrophale Folgen haben.

Mars und Venus

Mit dem Planeten Mars haben wir die erdähnlichen Planeten, unsere engere galaktische Heimat erreicht. Dennoch ist der Trabant, der ungefähr ein Zehntel der Erdmasse aufweist, noch durchschnittlich 228 Millionen Kilometer von der Sonne entfernt.

Hubble verdanken wir die schärfsten Bilder des Planeten, die jemals von der Erde aus entstanden sind. Zusammen mit Hubble-Bildern des roten Planeten aus den ersten vier Jahren beweisen sie, daß sich sein Klima seit den Zeiten der Viking-Sonden in der zweiten Hälfte der siebziger Jahre deutlich verändert hat und daß die auf diesen Daten basierenden Annahmen über das Marsklima falsch waren. Nur eine systematische Überwachung kann zu einem Verständnis seiner Meteorologie führen. Beobachtungen im Planetensystem machen nur ein paar Prozent der Arbeit des für «größere» Aufgaben geschaffenen Weltraumteleskops aus, aber in Sachen Mars sind die wenigen Zeitfenster geschickt über seine Jahreszeiten verteilt worden. Brauchbare Mars-

bilder gelingen von der Erdoberfläche aus nur, wenn der Planet der Sonne gegenüber und der Erde am nächsten steht, aber Hubble kann Mars fast überall auf seiner Bahn sinnvoll beobachten.

Seit die Viking-Sonden schweigen, hat auf Mars ein Temperatursturz stattgefunden. Die Temperatur ist global um rund 20 Grad gefallen, der Planet ist kühler und die Atmosphäre klarer als zuvor. Auslöser dürfte die deutlich zurückgegangene Staubsturm-Aktivität sein: Allein im ersten Jahr der Viking-Besuche war es zu zwei schweren Stürmen gekommen; kleine Staubteilchen blieben länger in der Atmosphäre zurück als üblich. Von der Sonne aufgeheizt sind solche Staubteilchen die wichtigste Wärmequelle in der Marsatmosphäre. Die Vikingsonden lernten den Mars nur in dieser staubigen Situation kennen. Jetzt ist die Atmosphäre selbst transparenter geworden, aber auch wolkiger als in früheren Jahren: Der Wasserdampf in der Atmosphäre ist zu Zirren aus Eiskristallen ausgefroren, der Planet insgesamt kühler und noch trockener geworden, als er es für gewöhnlich schon ist. Da Viking nur wenige Wolken sah, galten sie den Marswetterkundigen seinerzeit als unbedeutend – aber nun entpuppen sie sich als wichtiger Transporteur für Wasser zwischen dem Nord- und Südpol im Laufe des Marsjahres. Die jahreszeitlichen Windströmungen sind es wiederum, die den Staub auf der Marsoberfläche umverteilen, wodurch sich die dunklen Gebiete verschieben: Hier ist nach dem Wegwehen des feinen hellen nur gröberer dunkler Sand zurückgeblieben.

Ebenfalls ein Hinweis auf die trockener gewordene Atmosphäre ist ein sich ausbreitender Ozonüberschuß: Hubbles UV-Empfindlichkeit ist ideal, um die Ozondichte global zu überwachen. Es stellte sich heraus, daß sich der

Ein Stück von Vesta, das 1960 im Westen Australiens auf die Erde fiel – nach dem Mond und dem Mars (von dem gelegentlich ebenfalls Meteoriten angeflogen kommen) ist Vesta erst der dritte Himmelskörper, von dem wir Proben in der Hand haben (Quelle: R. Kempton).

Der Planet Mars im Dezember 1990 – in der Bildmitte die Große Syrthe, eines der auffälligsten Dunkelgebiete des Roten Planeten. Hierbei handelt es sich nicht um Meere oder Vegetation, sondern um Gegenden, wo weniger Sand als in den hellen Gebieten liegt (Quelle: P. James und NASA).

Ozonüberschuß über der Nordpolkappe (den man seit den Zeiten der Raumsonde Mariner 9 kennt) inzwischen bis in mittlere und niedrige Breiten ausgedehnt hat. Mars hat also kein Ozonloch, sondern das genaue Gegenteil – allerdings ist die Ozondichte immer noch so gering, daß sie einem irdischen Besucher keinerlei Schutz böte. Die Hubble-Beobachtungen von Mars sind wichtig für die Planung künftiger unbemannter (und noch mehr bemannter) Missionen: Einmal will man in einer Jahreszeit landen, in der die Wahrscheinlichkeit für einen Staubsturm am geringsten ist. Ferner ist es lebenswichtig zu wissen, wie warm oder kalt die Atmosphäre ist, benutzt man sie doch bei einigen der künftigen Missionen zum gezielten Abbremsen bei der An-

kunft der Raumkapsel, was viel Treibstoff spart. Hat sich die Atmosphäre nun unerwartet erwärmt, dann dehnt sie sich aus – und die ankommende Raumsonde verglüht, anstatt in einem Orbit zu landen, oder sie prallt ab.

Die drei Bilder auf der gegenüberliegenden Seite entstanden am 25. Februar 1995, als Mars 103 Millionen Kilometer von der Erde entfernt und am Himmel 13.5 Bogensekunden groß war. Die Auflösung, die Hubble schafft, beträgt 50 Kilometer, und mehrere Dutzend Einschlagskrater sind erkennbar. Das meiste Kohlendioxid der Nordpolkappe ist im Marsfrühling bereits in einen gasförmigen Zustand übergegangen, so daß nur noch die permanente Wassereiskappe sichtbar ist, immer noch Hunderte Kilometer im

Mars 1995: Drei Ansichten sind hier gegenübergestellt: Links eine ausgedehnte Wüste mit hohen Vulkanen, an denen sich Wolken gebildet haben (insbesondere am riesigen Olympus Mond), in der Mitte die Umgebung des gewaltigen Mars-Canons Valles Marineris und rechts erneut die Große Syrthe (Quelle: P. James, S. Lee und NASA).

Durchmesser. In der Tharsis-Region fällt eine halbmondförmige helle Wolke um den Vulkan Olympus Mons auf, dessen Basis 550 Kilometer Durchmesser hat. Warme Nachmittagsluft, die über seinen flachen Schild strömt, bildet beim Abströmen Eiskristalle. Das gleiche gilt auch für die benachbarten drei kleineren Vulkane. Im mittleren Bild sind unten links die Valles Marineris zu erkennen, ein gigantisches Talsystem, in dem der Grand Canyon viele Male verschwinden würde, und nahe der Bildmitte das Chryse-Becken. Das dritte Bild dominiert das prägnante Dunkelgebiet der Großen Syrthe. Insgesamt haben die Staubstürme der Vergangenheit den feinen Staub vorwiegend nach Norden (oben) transportiert, so daß im Süden der grobere, dunkle Sand zurückblieb – und mit ihm Strukturen, die selbst kleinste Fernrohre zeigen.

Eigentlich wäre beim Mars unsere imaginäre Reise durch das Sonnensystem zu Ende, denn die beiden innersten Planeten Venus und Merkur kann Hubble fast gar nicht beobachten: Sie kreisen innerhalb der Erdbahn um die Sonne (mit einem Abstand von 108 Millionen bzw. 58 Millionen Kilometern) und können ihr deshalb am Himmel nie gegenüberstehen, wobei sie sich nach Osten oder Westen nur um einige Dutzend Grad von der Sonne entfernen und permanent in der «Verbotszone» bleiben: Näher als 50° darf Hubbles Tubus nicht an sie herangeschwenkt werden. Aber Anfang 1995 wollte man es wissen und setzte die Automatik (die dann sofort den Teleskopdeckel schließt und einen Sicherungsmechanismus auslöst) außer Kraft, als die Venus *beinahe* 50° Abstand von der Sonne erreichte. Es ging weniger um Bilder ihrer dichten Kohlendioxidatmosphäre – die hatten viele Raumsonden schon mindestens genausogut im Kasten – als vielmehr um Spektroskopie. Als 1978 die Atmosphärenkapseln des Pioneer Venus Orbiter eintrafen, hatten sie erstaunliche Mengen Schwefeldioxid in der Atmosphäre vorgefunden, was als Spur eines großen Vulkanausbruchs kurze Zeit zuvor gedeutet wurde – eine stets umstrittene Interpretation.Seither ist die SO_2-Menge stetig zurückgegangen, auch Hubbles Spektren bestätigen diesen Trend. In den letzten Jahren ist es demnach zu keinem großen Vulkanausbruch mehr gekommen, wofür auch die Radarbilder der Venusoberfläche von der Raumsonde Magellan sprechen: Sie zeigte sich ihr zeitlich unveränderlich. Während der Spektroskopie entstand am 24. Januar 1995 ein Falschfarbenbild über eine Distanz von 114 Millionen Kilometern hinweg, das die bekannten Y-förmigen Muster in den Schwefelsäurewolken zeigt: Die dunklen Stellen sind Regionen erhöhten Schwefeldioxidanteils, die nur vier Tage für eine Umrundung des Planeten benötigen.

Somit endet unser Durchgang durch das Sonnensystem an der Seite Hubbles mit neuen Erkenntnissen von der Venus. Obwohl das Weltraumteleskop primär zur Beobachtung weit entfernter Objekte und Galaxien eingerichtet wurde, hat es uns doch auch wichtige Erkenntnisse unserer Heimat im Weltraum beschert.

Die Venus am 24. Januar 1995 im Ultravioletten: Während die polaren Regionen hell erscheinen (hier scheint ein feiner Dunst über den Wolken zu liegen), ist in niedrigeren Breiten ein charakteristisches Wolkenmuster zu sehen, hinter dem ein Wellenphänomen stecken könnte (Quelle: L. Esposito und NASA).

Teil 3

Hubble bei der Arbeit – und was kommt danach?

Arbeiten mit Hubble

Das Weltraumteleskop Hubble ist zu guter Letzt also doch noch eine Erfolgsstory geworden. In den ersten fünf Jahren nach seinem Start sind rund 950 wissenschaftliche Arbeiten aufgrund seiner Daten erschienen, und wie erwartet wollen wesentlich mehr Astronomen mit dem Satelliten eigene Beobachtungen durchführen, als möglich ist. 863 Anträge sind eingegangen, und nur ein kleiner Bruchteil konnte genehmigt werden. Es werden fünfmal so viele Beobachtungsanträge gestellt, wie das Teleskop ausführen kann – sicher wären es noch mehr, wenn das Ausfüllen der Formulare nicht über eine Woche dauern würde. Die Effizienz des Satellitenbetriebs hat nach der Service-Mission einen neuen Rekord erreicht. In den ersten 17 Monaten nach der Wartung ist es nur noch dreimal zu Abstürzen gekommen – jenem «Safe Mode», bei dem Hubble irdischen Anweisungen nicht mehr gehorcht. Alle wurden durch ein kleines Problem mit der Drehung der Solarzellen ausgelöst, das aber den Betrieb im Raum nur unwesentlich behindert. Arbeiten mit Hubble ist «weitgehend Routine geworden», stellt sichtlich zufrieden der neue Direktor des Space Telescope Science Institute, Bob Williams, fest: «Wir verstehen die Charakteristika des Satelliten und werden immer besser. Bald werden wir sogar die Planungszeit verkürzen können, von einem Monat auf zwei bis drei Wochen.» Alle Instrumente arbeiten einwandfrei, anderslautenden Gerüchten zum Trotz auch der Goddard-Spektrograph, und selbst ein gestörter Teil der Faint Object Camera, den zu reparieren 1993 keine Möglichkeit bestand, scheint sich wundersamerweise selbst wiederhergestellt zu haben.

In der Regel «gehören» Hubbles Daten den Wissenschaftlern, die den Beobachtungsantrag stellten, genau ein Jahr exklusiv, aber dann sind sie frei zugänglich, und jedermann – nicht nur professionelle Astronomen – kann im Prinzip auf das ständig wachsende Archiv zugreifen und mit den Rohdaten arbeiten. Dieses Archiv existiert insgesamt viermal in identischer Form: primär am Space Telescope Science Institute (STScI) in Baltimore in den USA, aber mit Sicherheitskopien an zwei weiteren Plätzen und schließlich auch in der Space Telescope European Coordinating Facility (ST-ECF), die im Hauptquartier der Europäischen Südsternwarte (ESO) in Garching bei München in Deutschland angesiedelt ist. Die Koordinierungsstelle in Garching wurde von der ESA eingerichtet, nachdem der Einstieg Europas in das Hubble-Projekt durch ein Memorandum mit der NASA festgelegt worden war (vgl. S. 29–30). Ein eigenständiges Institut zu gründen erschien übertrieben, denn dort muß man sich neben der Betreuung der Beobachter auch noch um das sehr aufwendige Planen der Kommandofolgen für das Teleskop, um die Kommunikation mit dem eigentlichen Kontrollzentrum am Goddard Space Flight Center und um die Teams kümmern, die zukünftige Instrumente entwickeln. Um all das brauchten sich die Europäer nicht zu bemühen, weshalb man sich lieber einem bereits bestehenden astronomischen Institut anschloß. Es gab eine Reihe von Bewerbungen – die internationale ESO war der natürliche Gewinner: Nun werden die 14 Mitarbeiter der ECF genau zur Hälfte von der ESA und der ESO bezahlt. Drei Aufgaben hat die Institution in Garching: Alle europäischen Aktivitäten in bezug auf Hubble laufen hier zusammen. Der potentielle Beobachter wird bei der Vorbereitung seines Antrags unterstützt und mit den Fähigkeiten des Teleskops vertraut gemacht. Die Auswahl der Gewinner trifft dann ein internatio-

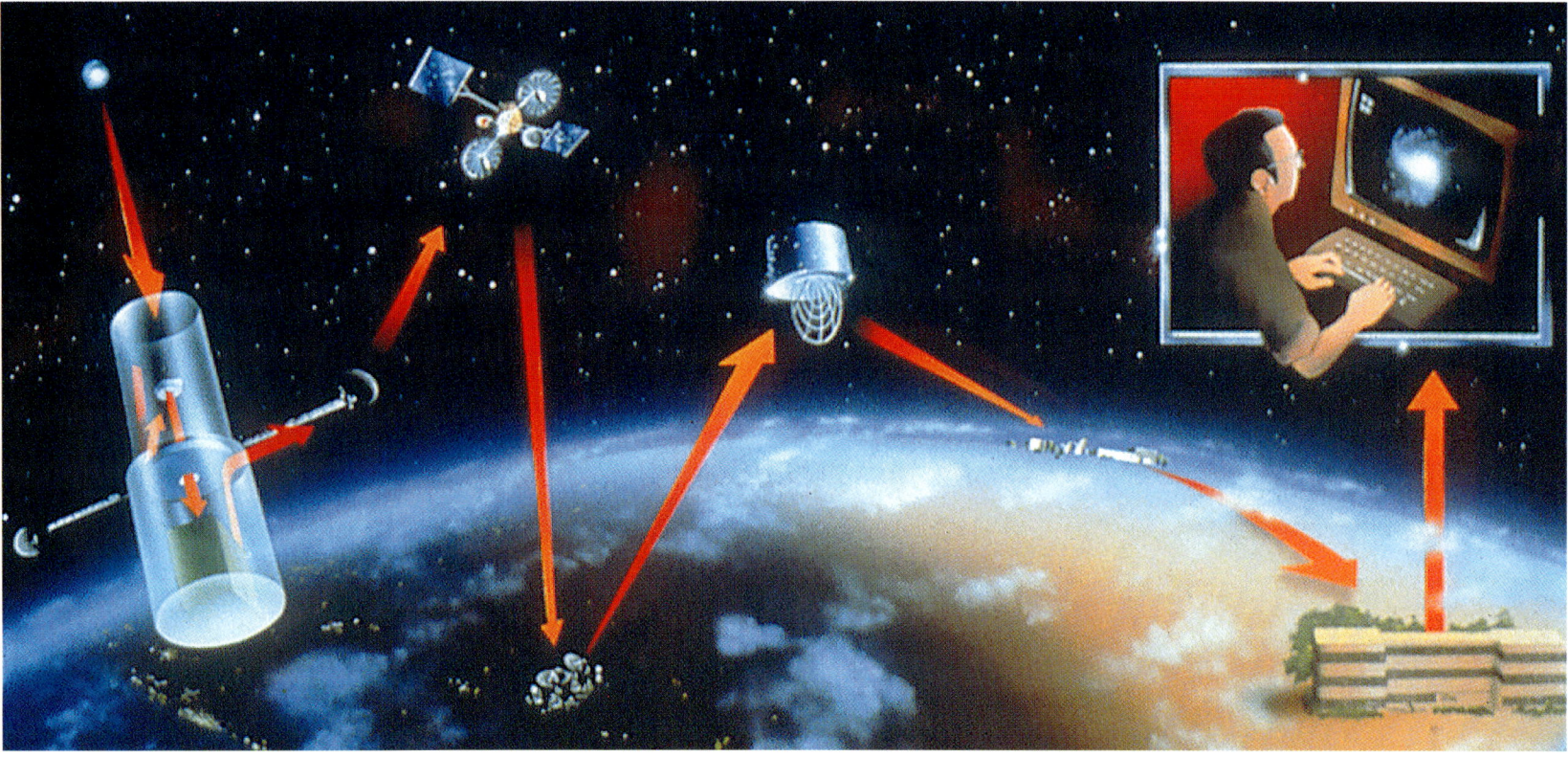

nales Gremium, in das die Europäer Mitglieder entsenden können; eine Vorauswahl der europäischen Vorschläge erfolgt dagegen nicht. Wenn der Astronom dann seine Daten in Händen hält, und in der Regel braucht er dazu nicht in die USA zu reisen, denn eine Präsenz des Beobachters während der eigentlichen Messungen in Baltimore ist eine seltene Ausnahme, kann er sich wieder an Garching wenden, um das dortige Know-how für die Auswertung zu nutzen.

Eine weitere Aufgabe der ECF besteht schließlich darin, die europäische Kopie des Archivs der Daten zu betreuen, auf das zuzugreifen immer einfacher wird. Im Prinzip muß der «Kunde» heute nicht einmal mehr nach Garching reisen: Das Stöbern im Katalog und die unbürokratische Anmeldung als Archivnutzer sind bereits mit einem PC über eine Telefonleitung machbar, und auch die Daten selbst können per Computerleitung über das Internet auf den heimischen Rechner geholt werden. Bei Bilddaten – die 2.5 Me-

gabyte und mehr umfassen können – greift man allerdings besser zu Miniatur-Datenkassetten. Hubbles Daten selbst lagern auf gigantischen optischen Disks von der Größe einer Pizza, die bis zu sechs Gigabyte fassen. Aus der gewaltigen Datenmenge sollen zu einem späteren Zeitpunkt Unterarchive hergestellt werden, die einheitlicher als das ursprüngliche Archiv und leichter zugänglich sind, weil die Daten dann thematisch nach Galaxien, Sternen, Nebeln etc. sortiert sind.

Das Archiv wird das Hubble-Projekt selbst bei weitem überleben, doch kann heute noch nicht definitiv gesagt werden, ob die ECF als Betreuer des Archivs ebenfalls bestehen bleiben wird oder ob sie von einer anderen Institution übernommen werden wird. Wie gut die Möglichkeit einer «Zweitnutzung» der Beobachtungen Hubbles von der astronomischen Gemeinschaft angenommen werden wird, läßt sich auch fünf Jahre nach dem Start noch nicht sagen,

So fließen die Daten von Hubble (links oben) zum Empfänger, dem Space Telescope Science Institute (rechts unten): Erste Station ist einer der geostationären Relaissatelliten (TDRSS), der sie an seine Bodenstation in New Mexico weiterleitet. Von dort wandern die Daten wieder hinauf zu einem anderen Kommunikationssatelliten, der sie ins Goddard Space Flight Center in Greenbelt, Maryland, funkt. Über Glasfaserkabel geht der Datenstrom dann ins Institut in Baltimore, Maryland (Quelle: STScI).

**Hier kommen die Daten an:
Tief verborgen im Inneren des
Institutsgebäudes (links), das
zur Johns-Hopkins-Universität
gehört, ist – vor neugierigen
Blicken dreifach abgeschirmt –
der kleine Raum, in dem die
Daten in Empfang genommen
und abgespeichert werden
(rechts) (Quellen: D. Fischer
und STScI).**

weil nur wenige der drastisch besser gewordenen Rohdaten aus der Zeit nach der Service-Mission schon frei zugänglich sind – die meisten potentiellen «Archivforscher» warten noch ab. In den ersten drei Jahren nach dem Start war die Archivnutzung allerdings kontinuierlich gestiegen und hatte kurz vor der Reparatur schon fast die gleiche Intensität erreicht wie die Aufnahme neuer Daten. Jede Beobachtung wurde auf diese Weise sozusagen zweimal genutzt. Ein mindestens so reger Zugriff dürfte auch auf die Schätze des «neuen» Hubble zukommen. Wichtig für die wissenschaftliche Nutzung ist ferner die Tatsache, daß die Nutzung des Archivs freie Dienstleistungen von ESA und ESO für die Astronomen Europas sind.

Das gleiche gilt auch für das Hubble-Archiv im Space Telescope Science Institute zu Baltimore. *Hier* kommen die Daten vom Teleskop zuerst an und werden dann für die drei anderen Archive kopiert. Jeden Tag laufen etwa zwei Gigabyte Daten ein, gut die Hälfte davon wissenschaftlicher Natur, aber auch Meldungen über die genaue Ausrichtung des Satelliten und die geringen Schwankungen, die es im

mer noch gibt, gehen ein. Zwar ist Hubble heute so stabil, wie es sein sollte, aber für bestimmte Auswertungen muß selbst das minimale Restzittern noch bekannt sein. Jeden Tag werden ungefähr so viele Daten abgerufen – zwei Gigabyte – wie ins Archiv hineinkommen, an manchen Tagen gar bis zu sechs Gigabyte. Am Ende der 15 Jahre laufenden Mission werden in einem nicht besonders großen Raum in einer Reihe sogenanter Juke Boxes die kompletten fünfzehn Terabyte (das sind fünfzehn *Billionen* Bytes) untergebracht sein, die Hubble bis dann heruntergefunkt haben wird.

Parallel mit dem Ausbau der Hardware hat man sich in Baltimore auch über die Benutzerfreundlichkeit Gedanken gemacht: Wie in Garching kann auch hier der an Archivdaten interessierte Wissenschaftler in der Regel von seinem Heimatinstitut aus über das Internet zugreifen, aber er kann die Software auch selbst installieren, so daß nur die Daten übertragen werden müssen. Optimale Arbeitsmöglichkeiten für die Profis der Astronomie also – aber was ist mit den Millionen von Amateurastronomen, deren Beobachtungen für die Wissenschaft durchaus auch von Nutzen sein können?

waren ebenso tabu wie zeitkritische Messungen, etwa an einem explodierenden Stern. Ferner durfte es nicht schon vergleichbare Projekte gegeben haben, doch das wichtigste war: Die gewünschten Beobachtungen mußten von einer Art sein, daß sie *nur* von Hubble bewerkstelligt werden konnten.

Das Abenteuer, das die Benutzung Hubbles für einen Amateur bedeutet, hat zum Beispiel der New Yorker Programmierer George Lewycky erlebt. Sein Plan zur Spektroskopie des Saturnmondes Titan erhielt 1992 den Zuschlag. Die faszinierenden Beobachtungen der Raumsonde Voyager 1, die ein Jahrzehnt zuvor auf eine komplizierte Chemie mit organischen Verbindungen in der dichten Atmosphäre des Mondes gestoßen war, hatten Lewycky dazu animiert, dort nach Formaldehyd Ausschau zu halten. Fände Hubble den Stoff, dann wären, zusammen mit dem von Voyager auf Titan entdeckten Wasserstoffzyanid, die Grundbausteine des Erbmoleküls DNS vorhanden: «präbiotische» Chemie in der Atmosphäre des fernen Mondes – danach suchten auch einige der berühmtesten Planetenforscher Amerikas.

Hier enden die Daten: in den Archiven von Baltimore und Garching. Datenträger sind gegenwärtig große optische Platten, die sechs Gigabyte fassen und in Baltimore in diesen drei Schränken (rechts) aufbewahrt werden. In Garching (links), wo der Bedarf geringer ist, blieb der Umgang mit dem Archiv bislang noch persönlicher: Eine Mitarbeiterin schiebt die Platten persönlich ins Laufwerk (Quellen: D. Fischer).

1986 hatte Riccardo Giacconi, damals Direktor in Baltimore, überraschend einen Teil der Meßzeit, die ihm für Sonderzwecke zustand, den Amateuren Amerikas zur Verfügung gestellt. Genau wie bei den Profis sichtete ein hochrangiges Auswahlgremium die Vorschläge und wählte in den ersten Jahren eine Reihe von Projekten, von Messungen an Monden im Sonnensystem über Sternspektren bis zu kosmologischen Fragen aus. Um eine Chance zu erhalten, mußten Vorschläge für dieses Programm allerdings noch mehr Kriterien erfüllen als professionelle: Besonders schwache Objekte, die lange Belichtungszeiten erfordern würden,

Lewyckys Idee fand daher das Wohlgefallen der Amateur Astronomers Working Group – aber immer wieder wurden seine Messungen verschoben. Am 21.9.1993 war es endlich soweit.

Lewycky erlebte all die Probleme hautnah mit, die auch vielen professionellen Hubble-Forschern widerfahren, die Freude, das Magnetband mit *seinen* Daten im STScI in Empfang nehmen zu können, und die Schwierigkeit, die komplizierten Spektren auszuwerten. Er lernte, unterstützt von Reisegeldern der NASA, viele Experten auf diesem Fachgebiet kennen, schließlich sogar denjenigen Voyager-Astronomen, der über ein Jahrzehnt früher Lewyckys Titan-Interesse geweckt hatte und der jetzt an der nächsten Saturnsonde Cassini arbeitete – und dafür Lewyckys Daten gebrauchen konnte. Auch zwei Jahre nach der Aufnahme der Spektren durch das Weltraumteleskop ist ihre Auswertung noch nicht abgeschlossen, aber das ist nach professionellen Maßstäben nichts Ungewöhnliches. Ein Erfolg für das Hubble-Projekt waren die Amateurastronomen, die mit ihm beobachten durften, allerdings schon: Enthusiastischere Botschafter konnte es schwerlich finden. Dennoch wird das eher elitäre Programm zugunsten größerer Breitenwirkung weichen müssen. Pläne für die Zukunft sehen eine Öffnung des STScI auf breiter Front vor. Schulen sollen eingeladen werden, ein Softwarepaket für Amateure soll zusammengestellt werden, damit auch Amateurastronomen Datenauswertungen auf dem heimischen Rechner vornehmen können; möglicherweise werden CD-ROMs aus den Archivdaten hergestellt und vertrieben – doch noch ist kein Beschluß gefaßt worden.

Hubbles nächstes Jahrzehnt

Fünfzehn Jahre beträgt die voraussichtliche Lebenserwartung Hubbles – ein Drittel davon ist 1995 erreicht. In den verbleibenden Jahren sind drei weitere Service-Missionen vorgesehen. Neben dem routinemäßigen Austausch von Verschleißteilen wie schon 1993 wird vor allem das Auswechseln der gegenwärtigen wissenschaftlichen Instrumente gegen modernere Entwicklungen mit besseren Leistungsdaten auf dem Programm stehen – auf dem Papier jedenfalls. Denn die «Belohnung» für die erfolgreiche Instandsetzung Hubbles im Orbit waren empfindliche Budgetkürzungen, deretwegen zum Beispiel die Arbeit an vielen Ersatzteilen der zweiten Generation eingestellt werden mußte – Teile, die eigentlich die volle Betriebszeit von fünfzehn Jahren garantieren sollten. Nur noch wenige Ersatzteile liegen bereit. Wenn der Verschleiß von Komponenten so weitergeht wie in der Vergangenheit, ist der Betrieb des Satelliten bereits in ein paar Jahren erheblich gefährdet, stellt das «Benutzerkomitee» fest. Angesichts der Erfolge der Vergangenheit und des großen Interesses in der Öffentlichkeit an den Ergebnissen des reparierten Teleskops ist diese Situation nur schwer zu verstehen. Offensichtlich bestehe innerhalb, aber auch außerhalb der NASA die irrige Vorstellung fort, man könne das Budget beliebig kürzen, ohne die wissenschaftliche Arbeit zu gefährden – doch tatsächlich gebe es keinen Posten mehr, der wegfallen könnte, glaubt das erwähnte Benutzerkomitee.

Auch der tägliche Betrieb des Teleskops, dessen Konzeption in den siebziger Jahren entwickelt wurde, kann bei der Knappheit der Mittel in den letzten Jahren des 20. Jahrhunderts nicht so weitergehen, und kleinere Reformen erschienen dem Management in Baltimore nicht mehr zu ge-

nügen: VISION 2000 entstand, ein kühner Plan zur Vereinfachung und Modernisierung aller Aspekte der Hubble-Operationen, der bis zum Jahr 2000 die Betriebs- und Wartungskosten erheblich senken soll. Routineaufgaben, die bisher mühsam von Hand erledigt wurden, werden automatisiert, veraltete Computer, die zu warten immer teurer wurde, werden ersetzt. In diesem Zusammenhang könnte auch eine wenig beachtete Aktion während der ersten Service-Mission eine Rolle spielen, als die Astronauten einen leistungsfähigeren Bordcomputer installierten: Hubble ist nicht mehr ganz so hilflos und ständig auf detaillierte Kommandos vom Boden angewiesen. Von 1992 bis 1995 sank der Etat des Instituts auf 37.5 Millionen Dollar, und die Zahl der Mitarbeiter ging von 435 auf 385 zurück. Zum Hubble-Projekt selbst steht die NASA aber weiterhin, und auch die nächsten Shuttle-Besuche sind garantiert.

Für Februar 1997 ist die zweite Service-Mission geplant, bei der in erster Linie die beiden Spektrographen den Instrumenten STIS und NIC Platz zu machen haben. Für die Astronauten wird sie wahrscheinlich einfacher als die erste (so sind nur vier Ausstiege geplant), aber für das STScI eher schwieriger: Es stehen weniger Mittel zur Verfügung als bei der ersten Mission, die für die NASA ein Kampf um alles oder nichts war. Zeit für Fehler gibt es nicht, und die neuen Instrumente stellen einen neuen Schwierigkeitsgrad dar.

Eine weitere wichtige Aufgabe neben dem Austausch der Instrumente wird auch das Auswechseln des bisher einen Bandrekorders im Satelliten gegen zwei mit jeweils der zehnfachen Speicherkapazität sein – ein entscheidender Schritt, denn wahrscheinlich würde die gegenwärtige Infrastruktur mit dem Datenstrom der neuen Instrumente nicht

Die neuen Instrumente STIS und NIC

STIS steht für Space Telescope Imaging Spectrograph, ein vollkommen neues Gerät, das die alten Spektrographen komplett ersetzen wird und einen noch größeren Wellenlängenbereich abdeckt als die beide alten zusammen, von 105 nm bis 1.1 µm. STIS ist ein zweidimensionaler Spektrograph: Er nimmt gleichzeitig Spektren von allen Objekten auf, die in seinem langen Spalt liegen – und das können bis zu tausend sein, eine enorme Zeitersparnis gegenüber den Spektren einzelner Punkte am Himmel, auf die Hubble bisher beschränkt war! Auch seine Empfindlichkeit übertrifft die der alten Geräte um das mehr als 10fache im fernen Rot und um das Doppelte im tiefen Ultraviolett. STIS enthält darüber hinaus eine eigene Kamera, die primär zur Einstellung des Zielgebietes dient, aber auch als eigenständiges Instrument verwendet werden kann.

Die eigentliche neue Kamera für Hubble aber wird *NIC* sein: Near-Infrared Camera and Multi-Object Spectrometer: Erstmals wird Hubble tief in den Infrarotbereich des Lichtspektrums vorstoßen und seine große Schärfe und Position oberhalb der Erdatmosphäre bei der Aufnahme von Bildern bis 2.5 µm Wellenlänge und Spektren bis 3 µm ausspielen können. Der Himmel sieht bei diesen Wellenlängen vom 5–10fachen des sichtbaren Lichts vollkommen anders und überaus faszinierend aus. Fernste Galaxien werden sichtbar, dichte Staubwolken, wo neue Sterne entstehen, sind nun durchsichtig, helle Planeten wie Jupiter dagegen in bestimmten Farben dunkel. Seit einem knappen Jahrzehnt steht die Technologie zur Verfügung, all diese Wunder mit CCD-ähnlichen Kameras als zweidimensionale Bilder aufzunehmen. Die NIC-Chips, die für Hubble entwickelt wurden, wurden auch für Sternwarten auf der Erde ein Renner – aber im Weltraum stationiert haben sie einen gewaltigen Vorteil: Hubble fliegt oberhalb des Luftleuchtens und hat deswegen einen 100–1000mal dunkleren Infrarothimmel als irdische Sternwarten. Mit NIC kann Hubble eine extrem tiefe Himmelsdurchmusterung auf der Suche nach den Vorgängern der heutigen Galaxien im ganz frühen Universum angehen, deren Licht durch die kosmische Expansion um ein Vielfaches ins Rote verschoben worden ist.

NIC besteht aus drei unabhängigen Kameras und drei Spektrometern für die verschiedenen Wellenbereiche. Insgesamt werden drei Chips benötigt, alles identische Quecksilber-Cadmium-Tellur-Detektoren mit 256 x 256 Pixeln. Die Einheiten können einzeln oder zusammen betrieben werden und besitzen eigene Mikroprozessoren.

mehr fertig. Die wissenschaftliche Produktivität würde durch das Fehlen wirklich guter Speichermöglichkeiten an Bord beeinträchtigt. Ebenfalls schon 1997 sollen zwei Gyroskope ausgetauscht werden, nicht weil sie Fehler zeigen, sondern weil sie sich insgesamt als störanfällig erwiesen haben und man möglichst junge haben möchte. Und nicht zuletzt wird, wie bereits erwähnt, ein vorsichtiges Lifting von Hubble notwendig sein: Während das Teleskop mit seinen ausgebreiteten Solarzellen vom Shuttle festgehalten wird, hebt der es ganz sanft auf eine etwas höhere Bahn. Dies ist ein wichtiger Vortest für die ganz große Bahnanhebung bei der übernächsten Service-Mission: Die Modelle des Satelliten, nach denen das Liften mit voll entfalteten Solarzellen möglich ist, müssen verifiziert werden. Wenn das Experiment 1997 gutgeht, dann wird die Bahnanhebung 1999 durchgeführt. Die Sonnenaktivität wird dann wieder in der Nähe des Maximums sein und die Erdatmosphäre

besonders ausgedehnt – und die Reibung Hubbles an ihr besonders groß.

Für Ende 1999 ist diese übernächste Service-Mission geplant, und dann soll die Faint Object Camera ausgetauscht werden. An ihre Stelle wird *HACE* treten.

Der Ausbau der Faint Object Camera hat allerdings auch eine politische Komponente: Ein wesentlicher Beitrag Europas zum Teleskop verschwindet! Im Jahre 2001 läuft überdies das Abkommen zwischen der ESA und der NASA aus, das Europas Astronomen elf Jahre lang nach dem Start mindestens fünfzehn Prozent der Beobachtungszeit garantiert hat. 1995 liefen bereits Verhandlungen über eine Verlängerung, aber die würden – so ist die Politik – wesentlich erleichtert, wenn die ESA wieder ein neues Instrument bereitstellen könnte – das könnte dann bei der letzten geplanten Mission im Jahre 2001 oder 2002 (oder gar erst 2005) eingebaut werden. Allerdings hat die ESA keinen eigenen

HACE

Die Hubble Advanced Camera for Exploration besteht aus drei Kameras. Der «Weitwinkel»-Kanal besitzt einen CCD-Chip mit 16 Millionen Pixeln – 25mal so vielen wie ein Chip der WFPC2 – und 3.3 x 3.3 Bogenminuten Gesichtsfeld; er konzentriert sich vor allem auf rotes Licht. Zwei Kanäle für hohe Auflösung haben dagegen jeweils Chips mit einer Million Pixeln, die an den Himmel projiziert nur 0.03 Bogensekun-

den groß sind und damit die Winkelauflösung Hubbles vollständig ausnutzen. Einer der Kanäle reicht von 200 nm bis 1 μm, der andere von 115 bis 170 nm im fernen Ultraviolett. Alle drei Kameras werden 4–8mal empfindlicher als die WFPC2 und die FOC und damit in der Lage sein, *alle* leuchtenden Galaxien entlang einer Sichtlinie bis an den Rand des Universums aufzunehmen. Wie STIS und NIC wird auch HACE die Aberration Hubbles selbst korrigieren, so daß COSTAR dann überflüssig wird.

Etat für solch ein Instrument mehr: Es müßte aus dem durchstrukturierten Wissenschaftsprogramm «Horizon 2000» heraus finanziert werden. Neben großen eigenständigen Satelliten und Raumsonden sieht es sogenannte Mittelklassemissionen vor. In diesem Rahmen sind auch Beiträge zu größeren Projekten anderer Raumfahrtagenturen zulässig – aber es gibt jeweils mehrere Bewerber, zwischen denen über Jahre hinweg ein harter Auswahlprozeß stattfindet: Ein neues Instrument für das Jahr 2001 kann deshalb zum jetzigen Zeitpunkt nicht garantiert werden.

Ebenso unklar ist, was nach dem Jahr 2000 mit den Solarzellen Hubbles geschieht. Wie erwähnt, muß bei der dritten Service-Mission die Bahn Hubbles vom Space Shuttle angehoben werden, weil die Reibung an der oberen Erdatmosphäre trotz des sehr hohen Aussetzens 1990 die Bahnhöhe gefährlich abgesenkt haben wird. Solch ein Manöver ist noch nie durchgeführt worden, und auch wenn die stabile Montage des Satelliten in der Shuttle-Ladebucht kein Problem sein dürfte, so sind die empfindlichen Sonnensegel erheblich gefährdet. Das Anheben ist eine Art gewaltsame Beschleunigung, und es ist sehr gefährlich, das mit offenen Sonnensegeln durchzuführen, weil sie sehr zerbrechlich sind. Sollte der Vortest 1997 diese düstere Möglichkeit bestätigen, dann müssen die Sonnensegel vor dem Anheben wieder eingerollt werden, und genau da liegt ein anderes Risiko: Was, wenn wie 1993 eines klemmt und weggeworfen werden muß? Am besten wäre es, mit einem Paar Ersatzsonnensegel zu starten, die alten zu entfernen, Hubble anzuheben und dann die neuen zu montieren. Das wäre die Ideallösung für die NASA. Die ersten beiden Paare hatte die ESA geliefert, aber ein neues Instrument und neue Sonnensegel zusammen sind für die ESA nicht finanzierbar.

Was kommt nach Hubble?

Noch unklarer werden die Planungen, wenn es um die Zeit nach 2005 geht: Wird das Teleskop dann kurzerhand abgeschaltet, wird es womöglich gar gezielt zum Absturz gebracht (schwierig ohne eigene Triebwerke), oder wird es von einem Shuttle abgeholt und ins Museum gestellt? Natürlich *könnte* man Hubble immer wieder besuchen, defekte Teile austauschen und so die Lebensdauer bis 2010 verlängern – aber für jede Service-Mission sind gut 500 Millionen Dollar anzusetzen, und auch die Betriebskosten belaufen sich auf rund 280 Millionen Dollar jedes Jahr. Dies ist immerhin ein Betrag, für den man jedesmal einen mittelgroßen, spezialisierten Astronomiesatelliten bauen könnte. Genau dieser Aspekt ist es auch, der zehn Jahre vor dem Ablauf der nominellen Lebensdauer Hubbles aktuelle oder ehemalige Manager eher für eine Abkehr von solchen Riesenprojekten argumentieren läßt. «Wenn man immer nur solche Riesenteleskope wie Hubble baut, dann deckt man damit praktisch das ganze Leben eines Astronomen ab oder sogar noch mehr», ist eine vielzitierte Meinung. Schließlich erreicht man einen Punkt, wo die Kompetenz verlorengeht, weil das Teleskop ja da ist und kein neues mehr gebaut werden muß. Für die Zukunft ist es daher wichtig, ein Programm zu haben, in dem kleine Projekte und ein paar große gemischt werden – so äußern sich viele Experten.

Noch ernüchtender ist die Billanz von Riccardo Giacconi: «Das beste, was dem Weltraumastronomieprogramm passieren könnte, wäre, daß Hubble in fünf Jahren sterben würde. Es kostet etwa 250 Millionen Dollar pro Jahr, und das ist entschieden zuviel – vor allem weil bald AXAF dazukommt.» AXAF ist ein zwar aus Geldmangel geschrumpfter, aber immer noch sehr großer NASA-Röntgensatellit. Für die Zukunft der Weltraumastronomie ergibt sich somit eine Akzentverschiebung. Führte man mehr spezialisierte Missionen durch und eine stürbe, gäbe es bereits Ersatz. Insgesamt wäre dann das Programm gesünder und reichhaltiger. Gigantische Missionen wie das Weltraumteleskop dagegen, so Giacconi, verhindern unabhängig von ihrem Erfolg alle anderen Tätigkeiten. Also müßte seiner Meinung nach der ganze Ansatz geändert werden: mehr Missionen, jede weniger dramatisch, aber schneller und mit neuer Technologie, anstatt das Geld für die Reparatur alter Teleskope auszugeben. Weil die NASA kein klares Konzept für ihre künftige Weltraumastronomie – und speziell die optische – hat, ist kaum auszuloten, was nach Hubble kommen könnte. Teleskope, die erst im Orbit einen großen Spiegel entfalten, sind zumindest denkbar, und für etwa 500 Millionen Dollar ist ein 4-Meter-Reflektor im Orbit möglich.

Diese Idee fand auch das sogenannte «HST and Beyond»-Komitee erwähnenswert, das sich seit 1994 Gedanken über einen Nachfolger des Hubble-Teleskops macht: Das Projekt heißt Adapt und wurde von den Firmen Lockheed und Itek für die SDI-Nachfolgeorganisation BMDO vorgeschlagen. Binnen drei Jahren, so die Studie, könnte der 4-Meter-«Demonstrator» auf einer russischen Proton-Rakete gestartet werden – den Astronomen wurden die letzten vier der ingesamt fünf Jahre Lebensdauer für eine beliebige astronomische Nutzung angeboten. Die Qualität von Hubble hätte das Gerät natürlich nicht, aber Missionen wie diese schließen eben wirklich neue Technologie ein. Das scheint derzeit für die NASA attraktiver zu sein als eine einfache Erweiterung der wissenschaftlichen Fähigkeiten, selbst wenn man den erheblichen wissenschaftlichen Wert eines

Der neue Direktor des Space Telescope Science Institutes, Robert Williams, der 1993 Riccardo Giacconi ablöste (Quelle: STScI).

(Projekt INTEGRAL) über den Röntgenbereich (XMM) bis zum Infraroten (ISO, FIRST) gibt es bereits genehmigte mittlere und große Missionen, und bisher wurde noch nie ein ESA-Wissenschaftsprojekt abgebrochen, dessen Finanzierung einmal begonnen hatte – ein deutlicher Kontrast zur NASA. Ein optisches Teleskop der Hubble-Klasse ist zwar in keinem der beiden Langzeitprogramme enthalten, die den Zeitraum bis etwa zum Jahr 2020 abdecken, wohl aber eine Interferometriemission mit ähnlichen Daten wie die von der NASA angedachte. Wenn Horizon 2000 Plus in vollem Umfang realisiert werden kann, dann werden zunächst gleichzeitig Vorarbeiten für zwei verschiedene Satelliteninterferometer begonnen, zwischen denen nach etwa zehn Jahren eine Entscheidung gefällt wird: Die Technologie ist zu neu, um sie schon jetzt zu treffen. Das erste Projekt bestände aus zwei Interferometern aus je zwei 1-Meter-Teleskopen in je zehn Metern Abstand voneinander. Durch Zusammenführung des Lichts zweier Teleskope würde ein einzelnes von zehn Metern Durchmesser simuliert, das mit enormer Präzision die Örter von Sternen messen könnte. In einem festen 90°-Winkel zu dem ersten Interferometer wäre dann ein zweites, identisches montiert, so daß ständig Winkel zwischen Sternen an ganz verschiedenen Stellen des Himmels gemessen werden könnten und ein ultragenaues, absolutes Bezugssystem am Himmel, der Traum aller Astrometer, entstände. Ähnliches hat Anfang der neunziger Jahre schon der ESA-Satellit HIPPARCOS geleistet, der aber nur ein paar Millibogensekunden Präzision schaffen konnte. Das Weltraumdoppelinterferometer wäre rund 200mal genauer, würde die Entfernung zu jedem Stern in einem Großteil der Milchstraße und seine Bewegung im Raum messen und so unter anderem ein komplettes dynamisches Modell unserer Galaxis entstehen lassen – gewiß

von astrophysikalischem Reiz, aber auch nur annähernd mit Hubble vergleichbar?

Das Alternativprogramm wäre ein *abbildendes* Infrarotinterferometer aus zwei oder drei Teleskopen, wieder jeweils einen Meter im Durchmesser und in zehn Metern Abstand voneinander auf dem Satelliten montiert. Das gekühlte Instrument könnte mit hoher Winkelauflösung bis in den jüngsten Kosmos (Rotverschiebung 10) zurückschauen – und gleichzeitig Planeten naher Sterne direkt abbilden. Daß es die tatsächlich gibt, daran zweifeln die Befürworter dieses Satelliten nicht, und sie sind auch überzeugt, daß es bis zum Jahr 2010 schon konkrete Sternkandidaten mit mutmaßlichen Planeten geben wird: Der zu erwartende öffentliche Druck, diese indirekt nachgewiesenen Planeten auch direkt abzubilden, wäre eine weitere Rechtfertigung des Projekts. Wie auch immer aber die Entscheidung der ESA ausfallen wird: Vor dem Jahr 2014 ist nicht mit einem Start zu rechnen.

Zur Beantwortung der nagenden Frage «Was kommt nach Hubble?» leistet das ESA-Interferometer auch keinen Beitrag. Für die ebenso kühne wie vage Idee einer optischen Sternwarte auf dem Mond, die die ESA im Rahmen eines von der Wissenschaft unabhängigen Technologieprogramms vorgeschlagen hat, gibt es noch nicht einmal einen Zeitplan. Es steht also zu befürchten, daß die optische Astronomie irgendwann zu Beginn des 21. Jahrhunderts wieder weitgehend auf die Erde beschränkt sein wird. Zwar wird sie dank fortschrittlicher Technik eine bessere Winkelauflösung als heute erreichen, aber so brillante Bilder von jedem beliebigen Himmelsobjekt, wie sie heute Hubble liefern kann, wird es dann jedoch nicht mehr geben.
So ist durchaus zu erwarten, daß die phantastischen Bilder des Weltraumteleskops in der Geschichte der Astronomie für eine ganze Weile ein singuläres Ereignis bleiben.

Teil 4

Anhang

Informationsquellen für neue Entdeckungen Hubbles

Natürlich kann sich jeder, der sich für die laufend neu veröffentlichten Ergebnisse und Bilder Hubbles interessiert, in den großen Tageszeitungen informieren, die – allerdings unregelmäßig – auch über das Weltraumteleskop informieren. Mit astronomischen Hintergründen und sehr viel detaillierter berichten – monatlich – alle führenden Astronomiezeitschriften in Farbe über die neuesten Ergebnisse: Sterne und Weltraum, Astronomy Now, Sky & Telescope und viele andere.

Wöchentlich meldet und diskutiert Hubbles Entdeckungen und den Fortgang seiner Mission der Astronomische Nachrichtendienst *Skyweek*, Hüthig Fachverlage, Im Weiher 10, D-69121 Heidelberg.

Sofort gibt es die neuesten Hubble-Bilder, -Pressemitteilungen und oft auch umfangreiche Hintergrundberichte über Internet:

World Wide Web: Die URL-Adresse ist http://www.stsci.edu/EPA/Latest.html für die aktuellsten Bilder und Texte; hier gibt es auch weitere Querverweise zu früheren Daten;

FTP: Der connect-Befehl (für Unix-Rechner) lautet ftp ftp.stsci.edu, der User-Name ist anonymous, das Password die eigene e-mail-Adresse. Die Bilder und Texte sind dann in Directories mit den Pfaden ftp/pubinfo/{jpeg,gif} und ftp/stsci/epa/{jpeg,gif} zu finden. Beim Übertragen von Bildern vorher das Kommando bin nicht vergessen!

Überdies können Hubble-Daten auch direkt per Modem abgefragt werden: Die Nummer des NASA Spacelink-BBS ist (001-)205-895-0028, der login-Name ist guest, die weitere Kommunikation erfolgt menuegesteuert (Spacelink ist auch über das WWW unter http://spacelink.msfc.nasa.gov und per ftp und telnet unter spacelink.msfc.nasa.gov zu erreichen).

Literaturverzeichnis

Geschichte der Astronomie und allgemeine Einführungen

Herbert Friedman: Der Blick in die Unendlichkeit, München, Droemer Knaur 1991.

Gerhard Hartl, Karl Märker, Jürgen Teichmann, Gudrun Woltschmidt: Planeten, Sterne, Welteninseln, München-Stuttgart, Deutsches Museum und Franck-Kosmos Verlag 1993.

Rudolf Kippenhahn: Abenteuer Weltall, Stuttgart, Deutsche Verlagsanstalt 1991.

Rhea Lüst: Die Wunderwelt der Sterne, München, Piper 1990.

Kristen Rohlfs: Die Ordnung des Universums, Basel, Birkhäuser Verlag 1992.

Heinz Völk: Facetten der Astronomie, Heidelberg, Johann Ambrosius Barth 1993.

Planung und Bau von Hubble

Eric Chaisson: The Hubble Wars: Astrophysics meets Astropolitics in the Two-Billion-Dollar-Struggle over the Hubble Space Telescope, New York, Harper Collins 1994.

Robert Smith: The Space Telescope – A Study of NASA, Science, Technology and Politics, Cambridge, Cambridge University Press 1989.

Edwin Hubble

Alexander S. Sharov, Igor D. Novikov: Edwin Hubble, Basel, Birkhäuser Verlag 1994.

Weltraumastronomie

Nigel Henbest, Michael Marten: Die neue Astronomie, Basel, Birkhäuser 1984.

Kosmologische Grundlagen

Immo Appenzeller (Hrsg.): Kosmologie und Teilchenphysik, Heidelberg, Spektrum Akademischer Verlag 1990.

Reinhard Breuer (Hrsg.): Immer Ärger mit dem Urknall, Reinbek, Rowohlt 1994.

Hans Jörg Fahr: Der Urknall kommt zu Fall, Stuttgart, Franck-Kosmos 1992.

Harald Fritzsch: Vom Urknall zum Zerfall, München, Piper 1983.

Stephen Hawking: Eine kurze Geschichte der Zeit, Reinbek, Rowohlt 1988.

Josef Silk: Der Urknall. Die Geburt des Universums, Basel-Heidelberg, Birkhäuser-Springer 1990.

Georg Smoot, Keay Davidson: Das Echo der Zeit. Auf den Spuren der Entdeckung des Universums, München, C. Bertelsmann 1995.

Kip Thorne: Gekrümmter Raum und verbogene Zeit, München, Droemer Knaur 1994.

James Trefil: Fünf Gründe, warum es die Welt nicht geben kann. Die Astrophysik der Dunklen Materie, Reinbek, Rowohlt 1992.

James Archibald Wheeler: Gravitation und Raumzeit: die vierdimensionale Ereigniswelt der Relativitätstheorie, Heidelberg, Spektrum Akademischer Verlag 1991.

Steven Weinberg: Die ersten drei Minuten, München, Piper 1977.

Die Welt der Sterne und Galaxien

Johannes Feitzinger: Unterwegs auf der Milchstraße. Die Erkundung unserer Galaxis, Stuttgart, Franck-Kosmos 1993.

Thomas Henning, Bringfried Stecklum: Molekülwolken und Sternentstehung, Heidelberg, Johann Ambrosius Barth 1995.

Edwin Hubble: The Realm of the Nebulae. New Haven, Yale University Press 1985.

Peter Metzger: Blick in das kalte Weltall. Protosterne, Staubscheiben und Schwarze Löcher, Stuttgart, Deutsche Verlagsanstalt 1992.

Paul Murdin: Flammendes Finale. Spektakuläre Ergebnisse der Supernovaforschung, Basel, Birkhäuser 1991.

James Kaler: Sterne und ihre Spektren, Heidelberg, Spektrum Akademischer Verlag 1994.

Das Sonnensystem – unsere galaktische Heimat

John C. Brandt, Robert Chapman: Rendezvous im Weltraum. Die Erforschung der Kometen, Basel, Birkhäuser 1994.

Daniel Fischer, Holger Heuseler: Der Jupiter Crash, Basel, Birkhäuser Verlag 1994.

Hermann Michael Hahn: Das neue Bild vom Sonnensystem, Stuttgart, Franck-Kosmos Verlag 1992.

Kenneth R. Lang: Planeten – Wanderer im All, Heidelberg, Springer-Verlag 1993.

Ivars Peterson: Was Newton nicht wußte – Chaos im Sonnensystem, Basel, Birkhäuser Verlag 1994.

Ludolf Schultz: Planetologie, Basel, Birkhäuser Verlag 1993.

John C. Wilford: Mars – unser geheimnisvoller Nachbar, Basel, Birkhäuser Verlag 1992.

Index